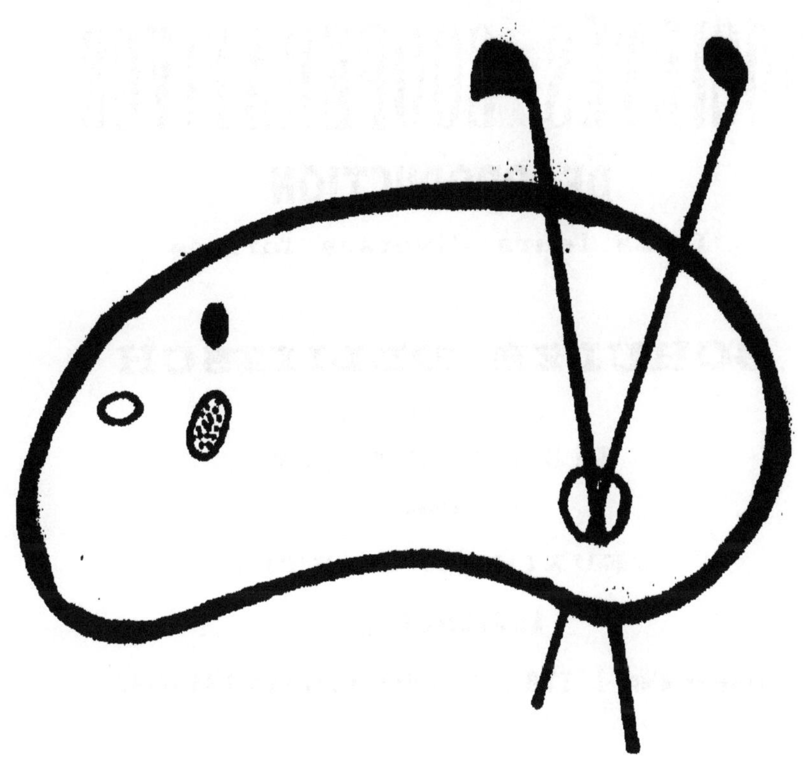

DEBUT D'UNE SERIE DE DOCUMENTS
EN COULEUR

MANUEL PRATIQUE

POUR

L'Organisation et le Fonctionnement

DES

SOCIÉTÉS COOPÉRATIVES

DE PRODUCTION

Dans leurs diverses formes

PAR

SCHULZE DELITZSCH

Avec la collaboration

Du Dr **F. SCHNEIDER**

DEUXIÈME PARTIE

AGRICULTURE

Précédée d'une LETTRE AUX CULTIVATEURS FRANÇAIS

PAR

Benjamin RAMPAL

PARIS

GUILLAUMIN ET Cᵉ, ÉDITEURS

De la Collection des principaux Économistes, du Journal des Économistes
du Dictionnaire de l'Économie politique,
du Dictionnaire universel du Commerce et de la Navigation, etc.
14, Rue Richelieu, 14

—

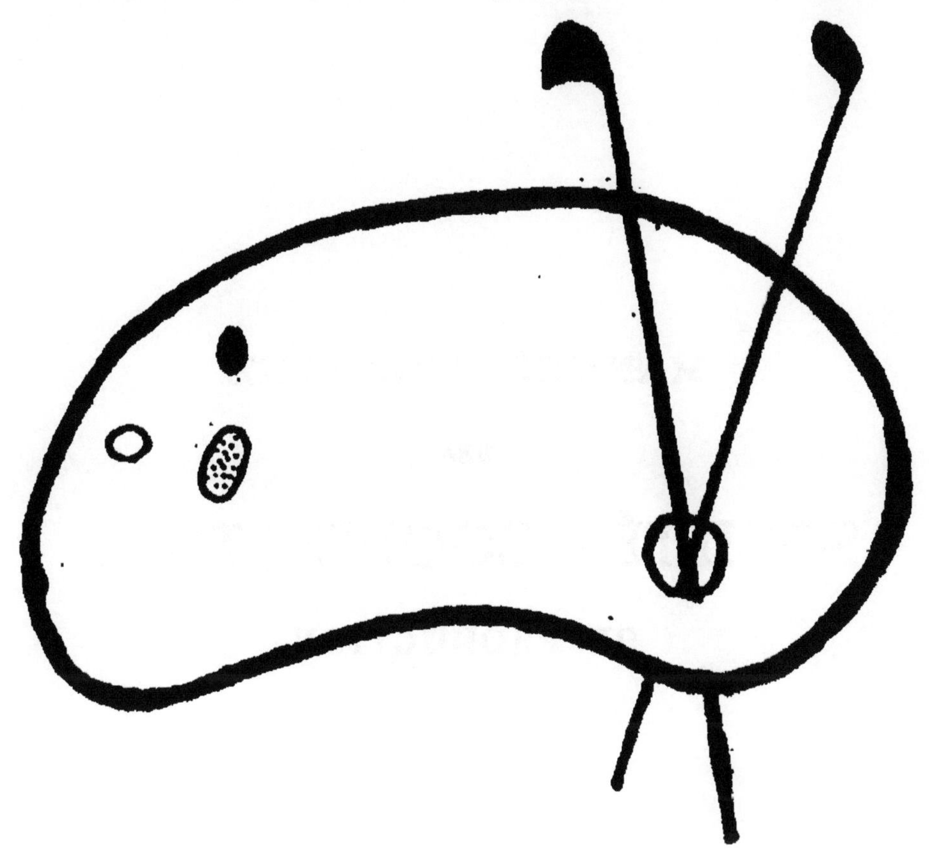

FIN D'UNE SERIE DE DOCUMENTS
EN COULEUR

MANUEL PRATIQUE

DES

SOCIÉTÉS COOPÉRATIVES

DE PRODUCTION

Paris. — Imp. Nouv. (assoc. ouvr.), 14, r. des Jeûneurs. — G. Mauquin, directeur

MANUEL PRATIQUE

POUR

L'Organisation et le Fonctionnement

DES

SOCIÉTÉS COOPÉRATIVES

DE PRODUCTION

Dans leurs diverses formes

PAR

SCHULZE DELITZSCH

AVEC LA COLLABORATION

Du Dr **F. SCHNEIDER**

DEUXIÈME PARTIE

AGRICULTURE

PRÉCÉDÉE D'UNE LETTRE AUX CULTIVATEURS FRANÇAIS

PAR

Benjamin RAMPAL

PARIS

GUILLAUMIN ET Cⁱᵉ, ÉDITEURS

De la Collection des principaux Économistes, du Journal des Économistes
du Dictionnaire de l'Économie politique
du Dictionnaire universel du Commerce et de la Navigation, etc.
14, rue Richelieu, 14

1878

AVANT-PROPOS

Le présent volume forme le complément d'un *Manuel* des Sociétés coopératives de production dans leurs diverses formes, telles qu'elles sont pratiquées en Allemagne.

Nous avons cru devoir publier d'abord, comme plus urgente, la partie de ce *Manuel* relative aux combinaisons industrielles, qui a paru en août 1876. Aujourd'hui, nous offrons au public la seconde et dernière partie relative aux combinaisons agricoles.

Nous aurons satisfait au désir qui nous avait été exprimé à la suite de la publication de notre précédent ouvrage : *Cours d'économie politique*, à l'usage *des ouvriers et des artisans*, en deux volumes, dont le second est la traduction des conférences faites en Allemagne par M. Schulze-Delitzsch. Nous aurons ainsi joint la démonstration pratique à l'exposition théorique.

Les défectuosités de fond et de forme de la traduction du *Manuel* nous ont obligé à faire réviser le travail primitif de M. E. Simonin par M. A. Ottiker. Cette révision n'a pu s'appliquer qu'au redressement des erreurs de sens, ce qui était le point important dans un ouvrage de ce genre. Quant à la forme, qui n'a pu être que légèrement remaniée, elle eût exigé une refonte de la rédaction, que l'objet en vue rendait peu nécessaire.

LETTRE

AUX CULTIVATEURS FRANÇAIS

———

« L'on voit certains animaux farouches, des mâles et des femelles, répandus par la campagne, noirs, livides, et tout brûlés du soleil, attachés à la terre qu'ils fouillent et qu'ils remuent avec une opiniâtreté invincible : ils ont comme une voix articulée, et quand ils se lèvent sur leurs pieds, ils montrent une face humaine, et en effet, ils sont des hommes ; ils se retirent la nuit dans des tanières où ils vivent de pain noir, d'eau et de racines ; ils épargnent aux autres hommes la peine de semer, de labourer et de recueillir pour vivre, et méritent ainsi de ne pas manquer de ce pain qu'ils ont semé. » (La Bruyère, *Caractères*, ch. XI. *De l'homme.*)

C'est en parlant des paysans et des laboureurs de son temps, que La Bruyère s'exprimait ainsi. Après Vauban, Fénelon, Bois-Guillebert, ses contemporains, la science moderne a confirmé l'appréciation du grand moraliste.

Parmi les plus remarquables représentants de la science économique, nous citerons principalement M. E. Levasseur, membre de l'Institut, dont l'ouvrage (*Histoire des classes ouvrières en France*), très apprécié dès son apparition, jouit d'une incontestable autorité. Voici, d'après cet écrivain, quel était l'état de la propriété avant la Révolution de 1789 :

« Vers la fin de l'ancienne monarchie, la propriété était en grande partie féodale et restait grevée de la plupart des servitudes et des inégalités du Moyen Age, auxquelles s'étaient ajoutées les servitudes et les inégalités royales.

« Le privilége primait le droit, je pourrais presque dire était la forme ordinaire du droit, dans une société qui, en matière administrative, financière, civile, faisait partout acception de personnes. C'était là le vice radical de l'ancien régime, il corrompait tout, il affectait la propriété foncière et la culture; il gênait la répartition des charges publiques et nuisait ainsi au développement de la richesse du pays.

Pauvres paysans, pauvre agriculture; pauvre agriculture, pauvre souverain ; avait dit Quesnay, quarante années avant le voyage d'Arthur Young. » (2ᵉ partie, t. I, p. 23.)

Le sol était réparti de la manière suivante :

« Le roi, le clergé et la noblesse possédaient la majeure partie des terres, les trois quarts environ; les roturiers, un quart à peine. Ce n'est pas que la propriété ne fût très divisée sur certains points. A côté des vastes domaines de quelques grands seigneurs, il y avait de petites et de très petites propriétés fondées par des paysans ou par des gentilshommes campagnards, qui tenaient de leurs propres mains la charrue; et, sous les propriétaires grands ou petits, des colons à différents titres faisaient valoir de petites parcelles. » (P. 22.)

Cette infériorité dans la répartition de la fortune territoriale s'explique par les entraves qu'imposait la loi à l'acquisition des terres par les non-nobles.

« Les roturiers, qui alimentaient par les épargnes du travail industriel la principale source des capitaux, étaient souvent arrêtés dès le début par une inégalité de la loi ; ils ne pouvaient acquérir un bien noble sans acquitter le franc-fief, c'est-à-dire un droit de 7 1/2 0/0 sur le capital, payable régulièrement tous les vingt ans et à chaque transmission. » (P. 23.)

Devenu propriétaire, le non-noble était soumis à des charges dont on se fait difficilement aujourd'hui une idée.

« La culture portait des chaînes plus lourdes encore que la propriété. On désignait sous le nom de champart la portion de la récolte que le seigneur s'était réservée en baillant la terre à ceux qui devaient la cultiver. Ce champart variait à peu près du cinquième au vingtième du produit brut ; la récolte ne pouvait être rentrée, sous peine d'amende, avant que le seigneur ne l'eût prélevé ; mais le seigneur n'était pas tenu de se hâter. et ses intendants, appelés de divers côtés à la fois, laissaient des semaines entières sur champ le blé qui finissait souvent par se gâter. » (P. 27.)

Avant la part du noble venait celle du prêtre :

« La dîme, inféodée ou non, avait les mêmes inconvénients ; elle en avait encore un autre fort grave; comme elle se prélevait principalement sur les céréales, le clergé ne permettait pas qu'on dénaturât son fonds productif, en introduisant les nouvelles cultures qui n'y étaient pas sujettes, comme la luzerne, et il contribuait à immobiliser dans la routine l'agriculture déjà paralysée par tant d'autres causes. Dans les provinces riches, le fermage avait pris la place du métayage; mais les baux étaient de peu de durée; et, au delà de neuf années, ils étaient frappés de surtaxes que nul ne se souciait de payer. Ils étaient aussi frappés du droit de résiliation dont jouissaient les gens de mainmorte. Un bénéficier venait-il à mourir, son successeur pouvait casser, sans indemnité, tous les baux, et souvent il le faisait dans son propre intérêt, car le renouvellement était accompagné de pots-de-vin, de deniers d'entrée et autres présents. » (P. 28.)

Nous n'en avons pas fini avec le noble, voici une nouvelle série de priviléges :

« Le seigneur percevait des droits de péage sur les routes qu'il n'entretenait pas, de bac sur les rivières, de leyde sur les marchés; s'il avait des vignes, il ne publiait le ban des vendanges qu'après avoir fait lui-même la récolte, et il jouissait ensuite du banvin, c'est-à-dire du droit de vendre seul son vin pendant trente ou quarante jours. Il avait le droit de corvée, et le plus souvent, comme tous les travaux agricoles se font à la même époque, il enlevait à son profit les paysans à leurs champs, au moment où leur présence était le plus nécessaire. Il avait le droit de banalité, et il obligeait ses hommes à venir cuire leur pain à son four, à presser leurs pommes à son pressoir. » (P. 29.)

« Les seigneurs ne se faisaient pas faute de contraindre les vilains et d'empiéter sur leur propriété.

« S'il n'y avait pas de chemins, il y avait un usage pernicieux qui permettait aux troupeaux de passer, dans certaines saisons, à travers champs, foulant et broutant les jeunes pousses. On l'appelait le droit de parcours. » (p. 30.)

« De toutes les servitudes, la plus vexatoire était le droit de chasse, plaisir exclusif de la noblesse, dont les paysans payaient les frais. Le seigneur chassait partout à cheval sur les terres ensemencées, ne respectait rien, n'ayant rien à redouter. Le gibier était devenu le fléau de l'agriculture, rongeant les vignes jusqu'à la racine.

« Le droit de colombier était de même nature que celui de garenne et de chasse. » (P. 31.)

Il est facile de s'imaginer les abus de pouvoir que devait engendrer une telle législation. Nous n'en citerons qu'un exemple, emprunté à l'étude historique sur l'arrondissement de Bernay, récemment publiée par M. Gardin, sous ce titre : *Le bon vieux temps.*

« En 1716, la baronnie de Chambrais avait passé aux de Broglie, et, en 1742, elle avait été érigée en duché, sous le nom de cette famille.

« Le charretier d'un des fermiers de M. le maréchal de Broglie ayant eu la regrettable idée de tuer une chevrette qui était venue dans son jardin, le maréchal fit venir le pauvre homme : *« Ton valet a tué mon gibier, je te ruinerai, misérable*, lui dit-il. — Mais, *prince*, voulut balbutier le bonhomme plus mort que vif, *je suis innocent de ce fait, pardonnez-moi*, et il se jeta à ses pieds. *Non, te dis-je*, lui répondit une voix qui n'admettait pas de réplique, *tu resteras et je te ruinerai.* » Cette promesse ne reçut que trop bien son exécution, au mois de juillet de chaque année, le maréchal, profitant de *son droit de chasse*, ne manqua pas de traverser avec ses équipages les récoltes de son fermier ; les chiens et les chevaux achevaient de détruire ce qu'avait épargné le gibier.

« La volonté du maître fut ainsi promptement réalisée, le pauvre fermier fut ruiné et ne tarda pas à mourir de chagrin, mais il avait eu la satisfaction de savoir que ses deux fils, pour se soustraire à la prison, avaient été conduits par son charretier, l'un en Allemagne et l'autre en Champagne. »

Après les taxes au profit de la noblesse et du clergé, venaient les impôts au profit de l'Etat.

« La taille, qui était le plus lourd des impôts directs, pesait presque exclusivement sur la roture, clergé et noblesse en étaient exempts.

« La plupart des impôts directs se levaient au marc le franc de la taille ; qui était surchargé d'un côté, l'était encore de l'autre et portait double et triple faix. Les crues diverses, dixièmes, tailles, étapes, maréchaussées, ponts et chaussées, etc., rentraient depuis longtemps dans le chapitre de la taille, dont les grandes villes étaient ordinairement exemptes. La capitation était perçue de la même façon et retombait principalement à la charge des campagnes.

« Turgot abolit la corvée. Un édit la rétablit. » (P. 31, 35, 37.)

Il faut ajouter que la rentrée de l'impôt, étant donnée à ferme, s'accroissait des abus et vexations inhérents à ce mode de perception.

Le privilége semblait ainsi avoir atteint ses dernières limites. Il s'étendit plus loin encore.

Le noble, si dur dans l'exercice de tous ses droits, échappait facilement au roturier, lorsqu'il en était devenu le débiteur, et aidé de la complicité de la loi, il s'y prenait d'une façon vraiment ingénieuse, comme on va le voir.

« La monarchie avait porté le privilége jusque dans le payement des dettes privées. Un débiteur se sentait-il insolvable, s'il était grand seigneur ou s'il avait des appuis à la cour, il obtenait du roi des lettres de répit, du Conseil d'Etat des arrêts de surséance, et les échéances se trouvaient prorogées. » (P. 41.)

De si nombreux et si criants abus devaient cesser du jour où la nation, convaincue de la nécessité d'échapper au pouvoir absolu qui les sanctionnait, reprendrait l'usage de sa souveraineté.

Les idées de justice et les sentiments d'humanité propagés par les écrivains du dix-huitième siècle se résumèrent dans les Cahiers de cette époque, et 1789 ouvrit l'ère d'une France nouvelle.

« Le Tiers-Etat, dit M. Levasseur, traçait nettement toutes les grandes lignes de la société nouvelle. Plus de lettres de cachet, plus de confiscations, garantie complète de la liberté individuelle, de la liberté du travail. de la liberté de la presse, inviolabilité de la propriété, suppression absolue du régime féodal et rachat des droits qui en dérivaient, abrogation de tout privilége pécuniaire, égale répartition de l'impôt et vote des contributions par l'Assemblée nationale, responsabilité des agents du pouvoir exécutif : tels étaient les vœux unanimes du Tiers-Etat. Pour arriver au but, il eut de nombreux combats à livrer, des orages terribles à essuyer. » (P. 99.)

« Le 4 août, dans sa séance du soir, l'Assemblée nationale décrète :

1° L'abolition de la qualité de serf et de la mainmorte, sous quelque dénomination qu'elle existe;

2° Faculté de rembourser les droits seigneuriaux;

3° Abolition des juridictions seigneuriales;

4° Suppression du droit exclusif de la chasse, des colombiers, des garennes;

5° Taxe en argent représentative de la dîme;

6° Abolition de tous les priviléges;

7° Egalité des impôts;

8° Admission de tous les citoyens aux emplois civils et militaires;

9° Déclaration de l'établissement prochain d'une justice gratuite ét suppression de la vénalité des offices;

10° Suppression du droit de déport et de vacat, des annates, de la pluralité des bénéfices;

11° Destruction des pensions obtenues sans titre. » (P. 104.)

M. Léonce de Lavergne, dont les écrits sont si estimés, résumant, dans son *Economie rurale de la France depuis* 1789, les résolutions prises le 4 août par l'Assemblée nationale, complète l'analyse de M. Levasseur sur quelques points et la confirme dans son ensemble.

« L'article 1er détruit entièrement le régime féodal, dit cet écrivain; dans les droits tant féodaux que censuels, ceux qui tiennent à la servitude personnelle sont abolis sans indemnité; tous les autres sont déclarés rachetables; le prix et le mode de rachat seront fixés par l'Assemblée nationale. Les articles 2 et 3 abolissent le droit exclusif de colombier et le droit de chasse et le droit de garenne ouverte. L'article 5 supprime les dîmes possédées par des corps séculiers et réguliers; les autres dîmes sont déclarées rachetables, de quelque nature qu'elles soient. » (P. 5.)

« Dès ce moment, toutes les conséquences qu'un pareil fait pouvait avoir pour l'agriculture lui étaient acquises. En même temps, les redevances devenaient rachetables, l'égalité de toutes les propriétés en matière d'impôt était proclamée.

« Les autres droits de l'homme et du citoyen, tels que la liberté individuelle, la propriété, la liberté du travail, la liberté de conscience, la liberté de parler et d'écrire, le droit de participer au vote de l'impôt et de prendre part au gouvernement des affaires publiques n'étaient plus contestés. C'est cet ensemble de conquêtes qui a survécu et qui a vraiment fécondé le sol. » (P. 10.)

« Quand une nation adopte de pareils principes, elle ouvre devant elle une carrière indéfinie de prospérité. » (P. 11.)

Les conditions dans lesquelles doivent vivre les peuples libres, étaient désormais fixées pour l'Europe centrale. Le législateur de 1789 venait d'accomplir une profonde et pacifique réforme des abus du passé, et il ouvrait à l'avenir des horizons qui ne satisfaisaient pas seulement aux aspirations du pays, mais qui répondaient en Europe aux vœux de tous les esprits éclairés. La France ne venait pas de faire une œuvre purement nationale, elle avait tracé la marche qu'allait suivre autour d'elle la civilisation.

L'Assemblée Constituante avait marqué avec une admirable justesse la mesure dans laquelle l'État peut améliorer la condition des citoyens, sans nuire à la liberté individuelle.

La Révolution française est, comme la plupart des révolutions de l'histoire, à la fois politique et sociale, n'en déplaise aux timides esprits que les mots épouvantent. Mais, pour éviter toute équivoque, il est nécessaire de définir le caractère de l'action sociale de cette révolution.

Que fait, au point de vue social, la grande Assemblée de 1789, qu'un historien appelle le *Concile de l'esprit humain au dix-huitième siècle?* Elle délivre la propriété de toutes les entraves, elle supprime la confiscation, elle affranchit le travail, elle répartit également l'impôt et en réserve le vote aux délégués de la nation. En abolissant la mainmorte, elle rend la propriété accessible à un plus grand nombre de citoyens et, par sa loi du 18 mars 1790, que confirme la Constitution de 1791, elle établit le partage égal des successions, *sans avoir égard* à l'ancienne qualité noble des biens et des personnes.

Tous obstacles étant ainsi supprimés à l'accession de la propriété, elle s'en remet à l'initiative individuelle du soin d'améliorer le sort de chaque citoyen et de développer, par suite, la richesse générale. Elle n'a pas la prétention utopique de substituer le don à l'échange des services et de mettre le dévouement à la place du devoir.

Les reproches n'ont pas manqué pourtant à l'illustre Assemblée. Les dictatures civiles et militaires et les réactions qui se sont succédé dans le cours de ce siècle ont, en altérant leur sens politique, rendu injustes pour sa mémoire certains publicistes, et les ont poussés jusqu'à la méconnaissance de ses éminents services. Elle est aujourd'hui attaquée surtout par les hommes qui rêvent une rétrogradation artificielle vers le passé, et comptent sur l'appui de l'Etat pour la réalisation de leurs vues.

On lui a imputé, entre autres griefs, d'avoir, en abolissant les jurandes et les maîtrises, rompu violemment, au détriment de la sécurité sociale, et même de la perfection des produits, les cadres hiérarchiques de l'industrie française.

Ce reproche peut être mis sur la même ligne que le regret exprimé par les représentants de la nouvelle école, dite des *Socialistes de la Chaire,* lesquels, préconisant comme remède absolu contre les difficultés présentes la reconstitution des biens communaux sur une vaste échelle, soit un retour au communisme rural des anciens âges, considèrent comme un mal la division de la propriété.

Ces deux écoles si opposées de tendances tombent dans une erreur égale; elles oublient que l'humanité ne reprend jamais les formes qu'elle a abandonnées, comme ne suffisant plus à ses nouveaux besoins.

M. de Lavergne nous fournit la réponse suivante à un autre grief allégué par les partis qui méditent la reconstitution d'une aristocratie à l'abri de la mobilité actuelle des fortunes.

« Au nombre des reproches qu'on fait aux idées de 1789, se trouve la portée qu'on prête à la loi de succession. On oublie que le principe du partage égal n'est pas nouveau, il existait sous l'ancien régime pour les propriétés non nobles; le Code civil n'a fait que le généraliser. C'est avec la loi du partage égal que, sous l'ancien régime, le Tiers-Etat avait grandi en richesse et en puissance, au point de dire, en 1789, qu'il était la nation même.

« C'est avec le droit d'aînesse et les substitutions que la noblesse avait perdu sa richesse, presque son existence, car les trois quarts des nobles n'étaient que des bourgeois enrichis. » (P. 33.)

Les principes de 1789 sont la meilleure pierre de touche de la valeur des divers régimes politiques qui ont suivi, et c'est au plus ou moins de respect gardé pour ces principes qu'on peut mesurer l'influence bonne ou mauvaise exercée par ces gouvernements sur la civilisation.

La confiscation reparait en 1793, il est vrai, mais cette époque, troublée par la guerre civile et par la guerre étrangère, et dont on ne saurait accepter tous les actes que sous bénéfice d'inventaire, explique cette infraction et d'autres analogues aux principes de la grande Assemblée. La Révolution, menacée par l'ancien régime au dedans et au dehors, ressaisissait pour le combattre les armes dont elle l'avait vu et le voyait encore se servir

Il suffit de se reporter aux changements introduits dans l'ancien ordre de choses pour comprendre la lutte sans merci qui s'engagea entre les privilégiés de la veille et la masse nationale qui ne voulait plus souffrir de privilége. Un publiciste moderne a dit que c'était le propre des priviléges de paraître des droits à ceux qui en avaient longtemps joui.

De ces temps héroïques, dont la grandeur ne resplendit à nos yeux qu'altérée par l'imperfection humaine, où les passions grandes ou basses s'agitent dans une mêlée terrible, arrivons à l'Empire.

Qu'est-ce que l'Empire? C'est une réaction contre les principes de 1789, autant que le permettent les faits accomplis et les vues personnelles de celui qui dirige cette réaction. Cet homme détruit la liberté politique, il amoindrit la liberté civile, et s'il n'attaque pas de front les intérêts matériels constitués par la Révolution, c'est qu'il est contraint de les ménager.

Comme son système n'est, au fond, qu'un retour à l'ancien régime reconstitué avec des hommes nouveaux, c'est-à-dire avec ce qui restait des acteurs de la Révolution, une fois que les grands caractères et les grands esprits eurent péri par une sorte de décapitation à jamais regrettable de cette génération, et que le dictateur veut fonder une monarchie nouvelle, il s'empare de ce détritus des grandes Assemblées et appelle à lui ce qu'il peut rallier de l'ancienne noblesse.

Il lui faut unifier ces éléments disparates, et pour cela, comme disaient ironiquement les anciens nobles non ralliés, faire avec des jacobins convertis des *marquis de convention*.

Il ne peut leur accorder tous les priviléges du passé, mais, par son décret du 30 mars 1806, il établit des titres héréditaires avec affectation de biens également transmissibles par voie d'hérédité.

Le décret du 1ᵉʳ mars 1808 affecte les titres nobiliaires de prince, duc, comte, baron, aux titulaires de certaines fonctions ou dignités.

Pour rendre héréditairement transmissibles les titres ainsi conférés, il y attache, par un décret du même jour, des majorats produisant un certain revenu.

La même loi décrivait avec un soin minutieux les armoiries et les livrées qu'auraient le droit d'avoir les nouveaux nobles.

Le décret du 3 mars 1810 réglait la transmission des armoiries et des livrées du père aux enfants. Rappelons, enfin, le rétablissement, par le décret du 3 septembre 1807, du droit de substitution qui vise, comme les majorats, à perpétuer les biens dans une même famille.

Que conclure de cet exposé rapide, si ce n'est que l'Empire offre une continuelle violation de ceux des principes de 1789 que son fondateur a pu attaquer.

La chute de Napoléon I⁰ʳ ne fut, on le voit, que trop méritée. Sans elle, l'histoire aurait une fois de plus manqué de moralité.

Quoi qu'on en ait pu dire, cette chute fut pour notre pays une délivrance et pour la civilisation générale un bienfait.

La Restauration était une transaction et représentait un état politique bien supérieur à celui qu'elle venait de remplacer. La paix seule était un bien inestimable qui permettait de reprendre l'œuvre de civilisation nouvelle inaugurée en 1789.

Mais la Restauration, qui fut une renaissance pour les lettres, pour les arts, pour l'agriculture, pour le commerce, pour toutes les grandes voies de l'activité nationale, périt par la division des Français, dont les uns demandaient l'application des idées nouvelles et dont les autres voulaient réagir violemment contre ces idées. Son cours tourmenté ne fut qu'une succession d'affirmations et de négations des principes de 1789, suivant les hommes qui se succédaient au pouvoir. *Les partis*, a-t-on dit, *périssent toujours par l'exagération de leur principe*, et la branche aînée des Bourbons, compromise par ses *ultras*, succomba pour avoir aveuglément suivi leurs conseils.

La monarchie d'Orléans fit au début de louables efforts pour se rapprocher des principes de 1789.

En 1832, lors de la révision du Code pénal de 1810, il devint facultatif à tous les Français, par l'abrogation de l'article 259 de ce Code, de prendre des titres de noblesse, sans avoir à produire aucun acte justificatif. Cette latitude dérisoire n'empêcha pas nombre de Français de s'affubler de titres d'emprunt, contrairement aux vues du législateur, dont on a justement dit, à ce sujet, qu'il avait eu plus d'esprit que la nation.

La même année, fut votée une excellente loi sur l'enseignement primaire, pour propager l'instruction dans toutes les parties du territoire.

Une loi du 12 mai 1835 interdit pour l'avenir l'institution des majorats, et déclara que ceux existants ne pourraient s'étendre au delà de deux générations.

Mais, dans les années qui suivirent, la nouvelle dynastie, dont l'avènement avait eu pour raison le retour complet aux principes de 1789, alla s'en écartant de plus en plus, éludant les conditions du gouvernement représentatif, renfermant obstinément la représentation nationale dans le cercle étroit de 200,000 électeurs censitaires, corrompant le vote par les faveurs, au moyen des places dont disposait le pouvoir, et ramenant ainsi le pays au gouvernement personnel, en dépit des protestations qui s'élevaient de toutes parts.

La chute de la branche cadette des Bourbons peut se résumer par ce mot resté historique de

M. Desmousseaux de Givré : *Rien, rien, rien!*

Nous ne nous arrêterons pas à la République de 1848, aux sentiments de laquelle nous devons rendre hommage comme à un retour sincère aux idées de 89, mais qui ne fut qu'une tentative avortée, par suite de l'insuffisance des pouvoirs publics.

Quant au second Empire, il ne nous paraît pas mériter une discussion développée. C'est, par excellence, le règne de l'équivoque.

Au lendemain du 2 décembre, il se pose en protecteur des principes de 1789. Pour justifier ce titre, il commence par supprimer toute liberté politique. Par ses arrestations arbitraires et par ses commissions mixtes, il rétablit, sous une forme nouvelle, les lettres de cachet. Il confisque les biens de la famille d'Orléans, ce qu'un contemporain appelle assez plaisamment le *premier vol de l'aigle*. Il témoigne de son respect pour la liberté individuelle par les déportations. Il feint d'encourager la liberté du travail, en accordant le droit de réunion et d'association, mais il se refuse à abroger les articles du Code pénal qui lui permettent de sévir contre toute réunion.

Quelques mots peuvent résumer la liberté accordée à la presse. Pour les journaux à fonder, démission anticipée sous forme de blanc-seing, précédant l'autorisation ; pour tous sans exception, censure préalable, avertissement, suspension, suppression ; autre forme de son respect pour l'inviolabilité de la propriété. Il n'attaque sans doute pas l'égale répartition de l'impôt, mais il le perçoit dans des proportions jusque-là inusitées; et, quant au vote par les mandataires du pays, il a soin de désigner et de faire nommer ceux qui doivent contrôler ses actes, système qu'il décore du nom de candidature officielle, que nous voyons ressusciter aujourd'hui avec des aggravations inouïes, et dont le résultat infaillible est de fausser la volonté du pays par l'approbation forcée de tous les actes du pouvoir exécutif. La responsabilité des agents de ce pouvoir est couverte par l'article 75 de la Constitution de l'an VIII, qui subsiste jusqu'au désastre de Sedan. Ajoutez que, dès 1852, il distribue des titres à ses créatures, qu'il dote richement, et qu'il rétablit l'interdiction de prendre des titres de noblesse, que la monarchie de 1830 et la République de 1848 avaient abolie.

On se demande jusqu'à quel point les apostats éhontés du premier Empire et les aventuriers mal famés du second, ont pu se prendre au sérieux, s'ils n'ont pas eu conscience de leur pouvoir éphémère, et l'on reste étonné que la France ait pu subir si longtemps leur souillure.

Le premier Empire nous avait fait haïr, le second nous a fait mépriser.

Examinons maintenant les effets produits sur la condition des cultivateurs par les lois libératrices de 1789, depuis leur promulgation jusqu'à nos jours.

« Les campagnes, dit M. Levasseur, avaient les premières recueilli les bénéfices du nouvel ordre de choses. La suppression des droits féodaux, en délivrant la terre, avait augmenté le revenu des cultivateurs. » (2ᵉ partie, t. Iᵉʳ, p. 145.)

M. H. Passy, dans son ouvrage : *Des systèmes de culture en France*, publié en 1852, confirme, page 6, les heureux effets des lois nouvelles.

« A des colons partiaires récemment échappés à la glèbe succédaient, en nombre rapidement croissant, des fermiers qui prenaient les terres à bail, les exploitaient à leurs risques et périls et, le prix du loyer acquitté, disposaient à leur gré des récoltes. C'était là un mouvement des plus avantageux. A mesure qu'il s'étendait, l'agriculture, exercée par des mains plus libres et plus actives, croissait en fécondité. »

Mais le gouvernement du premier Empire ne tarda pas à produire ses funestes effets, et vint diminuer les bons résultats de la législation nouvelle.

« Sous l'Empire, dit M. H. Passy, dans le même ouvrage, page 155, et durant les premières années qui en suivirent la chute, les masses appauvries eurent peine à conserver les possessions devenues leur partage. Depuis vingt ans, au contraire, il leur a été facile de réaliser des économies et d'acquérir. »

Le législateur de 1789 avait prévu avec une merveilleuse justesse les résultats que le pays était en droit d'attendre de son œuvre.

Voici la preuve qu'en donne M. de Lavergne, dans son ouvrage déjà cité, page 51, et publié en 1860 :

« Nous ignorons quelle était exactement, en 1789, la distribution de la propriété ; nous savons seulement en gros que le clergé possédait le sixième environ du sol, l'Etat et les communes un autre sixième, et que la noblesse, le tiers-état et les paysans, se partageaient le reste par portions à peu près égales....

« Quand on décompose aujourd'hui les cotes foncières, on trouve qu'un tiers environ de l'impôt total est payé par les cotes supérieures, un tiers par les cotes moyennes, un tiers par les petites cotes; d'où l'on peut induire, à peu près ainsi qu'il suit, l'état actuel de la propriété, déduction faite des terrains non imposables et des propriétés de l'Etat et des communes.

50,000 propriétaires possédant en moyenne 300 hectares.	15 millions d'hectares.
500,000 moy. propriétaires posséd. en moy. 30 hectares...	15 — —
5,000,000 petits propriétaires posséd. en moy. 3 hectares...	15 — —
Total....	45 millions d'hectares.

De si grands résultats obtenus en moins de trois quarts de siècle constituent un progrès social d'une portée immense.

Les partis monarchiques ont pourtant contesté la valeur d'un des éléments principaux de ce progrès.

On vient de voir comment M. de Lavergne répond aux critiques dirigées contre la loi de succession, au point de vue purement social.

D'autres économistes l'ont considérée au point de vue agricole.

Voici comment Mme Romieu, dans son remarquable livre : *Des paysans et la culture en France*, publié en 1865, aborde la question du morcellement des terres et indique les moyens de parer à ses inconvénients :

« Par quel remède peut-on obvier au désavantage et au danger qui s'attachent à la petite propriété ? Par l'association, ce grand remède applicable à la plupart des plaies de notre époque, par l'association bien comprise et bien pratiquée.

« L'association donnera la solution facile du problème agricole, qui consiste à concilier l'antagonisme de la petite et de la grande propriété. Des cultivateurs associés parviennent aisément à exécuter les grands travaux d'amélioration rurale, impossibles pour chaque parcelle disséminée.

« Les avantages et les bénéfices de la grande propriété reparaissent alors dans la petite, et chaque produit retrouve sa place sur le sol qui lui convient. » (P. 21.)

« Plusieurs travaux d'amélioration sont incompatibles avec la subdivision des terres, et les petits propriétaires auraient de grands obstacles à surmonter. Non-seulement les capitaux leur manquent, et les risques à courir doivent effrayer leur prudence, mais ils rencontrent souvent une impossibilité matérielle sur un terrain divisé entre plusieurs propriétaires. Tout travail d'irrigation ou d'assainissement offre un problème presque insoluble. Il faudrait, pour lever les obstacles, s'entendre, et de la bonne volonté. » (P. 19.)

M. de Lavergne s'associe aux conseils donnés

par Mme Romieu, et cite un exemple frappant de ce que peuvent les efforts collectifs en agriculture.

« Des associations volontaires de petits propriétaires, dit-il. page 171, dans l'ouvrage auquel nous avons déjà fait de nombreux emprunts, se sont formées depuis quelques années pour des travaux collectifs. Tel est le syndicat fondé pour l'assainissement d'une plaine marécageuse dans les environs de Bischwiller (Alsace), dont le périmètre embrasse un peu plus de 3,000 hectares appartenant à 3,000 propriétaires différents. Tous les frais sont faits par les intéressés, et sans subvention du gouvernement. Les travaux commencés en 1853 ont donné des résultats sensibles; le sol assaini a acquis une plus-value qui dépasse de beaucoup la dépense. »

M. d'Esterno, abordant des questions analogues, signale les entraves administratives qu'il serait, dans l'intérêt de notre agriculture, nécessaire de voir disparaître.

« Qu'est-ce que l'agriculture? L'agriculture est une industrie exactement semblable à toutes les autres industries. Et cependant on a établi une différence immense entre le commerce, l'industrie et l'agriculture. Les deux premiers sont des privilégiés, tandis que la dernière est une déshéritée.

« L'agriculture n'est pas une industrie, » disait Louis-Philippe, et l'agriculture fut sacrifiée. Ce ne fut que sous l'Empire où elle fut appelée à prendre place dans le mouvement général qui se déclarait à cette époque.

« Il y a en France 141 Sociétés d'agriculture, 50 Sociétés d'horticulture et 569 Comices agricoles. » (*Des privilégiés de l'ancien régime et des privilégiés du nouveau régime*, 1868, 1er vol., p. 62.)

« En Allemagne, l'agriculture est presque partout organisée en Comices groupés autour des Sociétés provinciales, qui ont dans la capitale un Comité directeur *élu par elles*, tandis qu'en France les Sociétés d'agriculteurs sont privées de communications entre elles et d'un centre commun auquel elles puissent aboutir. Elles sont isolées et partant impuissantes!

« Au lieu de laisser ces Sociétés libres d'agir dans les limites de leurs intérêts et en se conformant aux lois, on leur impose le concours des préfets et des sous-préfets qui les étouffent systématiquement et uniformément. » (P. 100.)

Plus loin, M. d'Esterno signale les dangers qui lui semblent menacer la petite propriété.

« La petite propriété, dit-il, empêche par son morcellement l'emploi des machines à vapeur, soit pour le labourage, le dépiquetage et les autres usages; par conséquent, ses produits deviennent plus coûteux que ceux de la grande propriété, et dès lors la petite propriété se trouvera distancée, et plus tard rachetée par la grande. » (P. 272.)

Appuyé sur les autorités dont nous venons de citer les extraits et qu'il nous aurait été facile de présenter en plus grand nombre, nous pouvons affirmer que les lois de 1789 ne sauraient être, au point de vue social, l'objet d'une critique sérieuse, car l'intelligence et la moralité du cultivateur se sont développées avec son aisance, et l'amélioration de sa condition a amené, dans la richesse nationale, l'accroissement dont nous sommes aujourd'hui les témoins.

Le programme de 1789 est au-dessus de toutes les attaques. Il était si vaste et si complet pour l'époque où il a paru, et il constitue une si haute conception de l'esprit humain, qu'il n'a pu être encore réalisé parmi nous, malgré quatre-vingts ans de luttes.

La même affirmation ne nous parait pas pouvoir être donnée sans réserve, au point de vue de la pratique agricole. Il y a là une question spéciale, d'autant plus importante à résoudre que si les craintes manifestées au sujet de l'infériorité dans les moyens d'exploitation venaient à se réaliser, l'amélioration profonde que nous avons signalée dans notre état social pourrait être compromise. On verrait alors dans l'agriculture une concentration égale à celle dont l'industrie nous offre l'exemple, et les petits, comme les moyens propriétaires, rejetés dans la masse des salariés. Nous tenons ces craintes pour exagérées, vu qu'un grand nombre de produits, surtout les produits fins et délicats, qui demandent le plus de soins, seront toujours mieux obtenus au moyen de la petite propriété et de l'exploitation directe. Mais nous n'en avons pas moins jugé utile de donner à nos cultivateurs l'indication des formes nouvelles, essayées dans la partie du nord de l'Europe, où s'est étendu et se continue le morcellement des terres.

Telle est l'origine des combinaisons principales qui ont été proposées par M. Schulze et ses amis, pour faire participer la petite et la moyenne culture aux avantages attachés à la grande.

C'est pour faire connaître ces formes nouvelles et fécondes de l'association que nous avons publié la traduction de ce Manuel.

La publication de cet ouvrage nous a paru d'autant plus nécessaire, que les Sociétés agricoles n'ont pas, en France, l'avantage de trouver, comme en Angleterre et en Allemagne, des modèles dans les Sociétés industrielles qu'il suffit de modifier, pour y grouper les ouvriers des champs.

Le Manuel pour les Sociétés coopératives agricoles entre dans tous les détails d'une organisation complète des diverses formes que peuvent revêtir ces Sociétés : « *Achat de matières premières, outillage agricole,* et même *Sociétés agricoles de production et de commerce.* » Tout y est prévu, expliqué, réglé avec un soin minutieux qui contribue à la force de l'ensemble par la précision et la justesse des détails.

Les statuts proposés à chacune de ces diverses formes de Sociétés coopératives sont admirablement combinés pour expliquer l'étendue et la limite des pouvoirs de la *direction,* de la *délégation* (Conseil de surveillance) et de l'*assemblée générale.*

C'est un véritable Code d'association agricole, mettant le contrôle à côté de chaque acte, et qui justifie bien, quoiqu'il ait été dit en mauvaise part, le mot d'un ancien député ou sénateur du second Empire : « L'Association coopérative, c'est la République dans l'atelier », c'est-à-dire le pouvoir électif du gérant substituée au pouvoir personnel du patron.

C'est à vous de voir, à votre esprit pratique de discerner, suivant la région où vous êtes placés et le genre de produits que vous obtenez, l'usage plus ou moins modifié qu'il vous conviendra de faire de ces combinaisons.

L'aperçu qui précède a montré à quel degré se sont écartées du programme de 1789 les monarchies de diverses formes qui ont occupé le pouvoir depuis le commencement de ce siècle. Il permet d'affirmer que toutes se sont montrées impropres ou impuissantes à accomplir l'œuvre qui leur était tracée.

A l'heure qu'il est, l'immortel programme de 1789 est loin d'être rempli. Il ne peut l'être par les mêmes causes qui, tantôt restreignant, tantôt étouffant la liberté, en ont empêché jusqu'à ce jour l'accomplissement.

C'est ici que la politique touche aux intérêts les plus essentiels du pays. De toutes les doctrines qui ont cours à notre époque confuse et troublée, la plus dangereuse est celle qu'on vous a souvent prêchée, qu'on vous prêche encore, à savoir : de vous en remettre, sans examen, de l'exercice de vos droits au soin de l'autorité qui, affirme-t-on, connaît mieux que vous la nature et la mesure de vos besoins. C'est là le langage que les *sauveurs* ont l'habitude de faire retentir à nos oreilles. Ils se targuent d'une supériorité intellectuelle et morale que rien ne justifie, et que, au contraire, les événements de l'histoire contemporaine, plus que celle d'aucun autre temps, démentent chaque jour.

L'infaillibilité n'existe pas plus dans l'ordre politique que dans l'ordre religieux, d'autant que les gens qui s'attribuent cette infaillibilité ont toujours eu et ont encore des intérêts opposés aux nôtres : des intérêts dynastiques et des intérêts de parti. Aussi, les pays les mieux gouvernés sont-ils ceux qui se gouvernent eux-mêmes.

Il arrive, sans doute, que les gouvernements librement élus et consentis commettent des erreurs, mais ces erreurs sont toujours réparables, car le bon sens et le patriotisme des majorités ne leur permettent jamais de se perpétuer, comme sous les gouvernements monarchiques et absolus, où une faute est toujours dissimulée ou couverte par le pouvoir, surtout lorsqu'elle favorise l'intérêt dynastique aux dépens de l'intérêt national.

Telles sont les doctrines qui régissent la plus grande partie de l'Europe et de l'Amérique, et c'est à ces doctrines que ces contrées doivent la possession incontestée de leurs libertés.

Nos gouvernants se plaignent que de nos jours le respect des gouvernés s'affaiblit et s'éteint. Comment pourrait-il en être autrement? Le pouvoir, comme la fortune, n'ont des droits à l'estime publique, que lorsqu'ils sont acquis par des voies légitimes, et suivant l'usage qu'on en fait.

Les hommes de notre génération ont vu de trop monstrueux et de trop scandaleux exemples d'élévation, pour que le respect du rang sans distinction leur soit possible. Ces *grands de la terre* ont offert au monde le spectacle d'un carnaval sinistre, dont les personnages joignant l'odieux au ridicule, nous ont montré, par la catastrophe finale, que leur immoralité était encore dépassée par leur désastreuse incapacité.

Ils ont poussé si loin le mépris de toute règle, que les scandales de leur vie publique et privée fournissent aux romanciers contemporains les éléments du tableau d'une civilisation menacée de décadence, contre laquelle la République peut seule efficacement réagir.

La liberté sous la loi, telle est la devise inscrite sur le palais cantonal de Zurich. C'est la seule formule du respect qui convienne aux démocraties.

Ce n'est pas de nos jours seulement qu'on a constaté l'insuffisance ou le danger des gouvernements personnels. Les grands esprits de tous les temps ont signalé les erreurs nombreuses et les crimes des conducteurs de peuples.

Un poëte de l'antiquité s'écrie :

Les divisions des Grecs naissent du délire des rois !

Plus tard, un grand politique suédois disait à son fils, qu'il envoyait étudier la diplomatie dans les cours étrangères : « Vous verrez, mon fils, par combien peu de sagesse le monde est gouverné, » et l'un des plus grands publicistes modernes, M. de Tocqueville, a écrit qu'il ne fallait pas trop compter sur *la sagesse contestable des gouvernements.* »

La démonstration de cette vérité, l'histoire

contemporaine nous la fournit d'une manière saisissante Voyez ce que font les *sauveurs?* Le premier de ce siècle, porté par une révolution entreprise pour la liberté, au moment même où cette révolution tend à prendre une allure régulière et modérée, y substitue la dictature, et, après avoir gaspillé toutes les forces de la France dans une lutte aussi insensée qu'égoïste, il aboutit à une double invasion.

Trente-cinq ans plus tard, après deux essais de monarchie représentative restés infructueux par l'inintelligence des princes de la famille des Bourbons, un nouveau *sauveur* se présente. Les portes de la patrie lui sont imprudemment ouvertes, et bientôt on retrouve sa main dans les complots et les émeutes, dans les complications sinistres, où la violence et la fraude peuvent se donner carrière, dans les luttes fratricides de la guerre civile, par lesquelles il tend à se frayer un accès au pouvoir. « *Il me faut*, disait-il, *l'é- clat d'un trône ou l'obscurité d'un cachot.* » Il méritait le cachot, il eut le trône.

A la faveur de la prospérité due au travail national, il masque le profond abaissement in- tellectuel et moral propagé par son gouverne- ment d'aventuriers. Puis, quand la revendica- tion des droits dont il a dépouillé traîtreuse- ment le pays commence à se produire, il ne craint pas, pour éluder cette nécessité, d'avoir recours à la funeste diversion d'une guerre étrangère, qui amène une troisième invasion, avec le cortège ordinaire de ses humiliations et de ses ruines. L'oncle et le neveu n'ont dû leur pouvoir qu'aux dissensions civiles fomentées par leur ambition aussi aveugle que perverse.

Vous n'avez, vous le voyez bien, d'autre moyen de sauvegarde contre ce danger que de prendre en main le soin de vos affaires politiques, ainsi que vous le faites pour vos affaires privées.

Celui qui trace ces lignes a vécu assez long-temps parmi vous, pour vous bien connaître. Il a souvent admiré l'énergie que vous déployez dans les durs travaux de votre profession, auxquels l'homme ne peut se plier, s'il n'y a été préparé dès l'enfance. Il vous a souvent vus plus d'une fois créer la richesse sur des terrains ingrats où régnait la stérilité, et que la grande propriété avait dédaigné de mettre en valeur. Il a été souvent frappé de la sévère économie à laquelle vous savez vous astreindre et de l'esprit d'épargne qui vous a fait arriver à la propriété.

Il s'est expliqué, par votre manque de notions scientifiques, qu'il serait du devoir de l'État de propager parmi vous, et par la crainte de compromettre votre modeste avoir, les habitudes routinières qu'on vous a souvent reprochées.

Ceux qui vous ont adressé ce reproche n'ont pas compris que votre condition vous imposait de suivre pour règle de conduite l'observation des phénomènes de la culture plus que l'innovation dans les méthodes. Ils ont oublié que la multitude de faits que vous observez dans votre pratique quotidienne constitue un ensemble duquel la science agronomique déduit ses règles et ses lois.

Ce n'est pas le seul service dont le pays soit redevable à vos efforts. A l'insu peut-être de la plupart d'entre vous, sans vous préoccuper de l'opinion de ceux qui font dériver la propriété du droit de conquête, comme de ceux qui en nient le droit individuel, vous lui avez donné une base inébranlable, le travail.

Sur cette base, qui défie toutes les critiques et toutes les négations, vous avez assis la democratie française. C'est là votre gloire et votre force.

Résumons-nous et concluons.

La Révolution a affranchi le cultivateur. Elle l'a dégagé des entraves dans lesquelles le tenait le régime féodal. Elle l'a mis en complète possession des fruits de son travail que lui ravissaient presque en totalité deux classes parasites. Elle a fait de lui un homme, plus qu'un homme, un citoyen. Les monarchies venues avec la prétention de régulariser et de clore la Révolution, ont plus ou moins manqué aux programmes qu'elles avaient émis et n'ont été, au fond, que des régimes de réaction ou d'immobilité.

La République seule n'a jamais, à travers les obstacles accumulés sur ses pas, varié dans ses tendances restées toujours favorables aux intérêts populaires. Seule, elle peut, inspirée de ses origines, satisfaire par la liberté politique, sans laquelle il n'est pas de progrès social, aux besoins nouveaux que produit le mouvement de la civilisation.

Ne croyez pas qu'en vous tenant ce langage

nous cédions à l'entraînement de nos convictions politiques et que nous établissions à notre insu une confusion dans des choses n'ayant entre elles aucun rapport. Vous allez voir que la forme du gouvernement n'est pas du tout étrangère aux questions que nous venons d'agiter.

Sans doute, le progrès social, l'amélioration générale des conditions peuvent être poursuivis et atteints avec des gouvernements de formes diverses, sous des monarchies représentatives comme sous des Républiques. Mais ces monarchies ne sont, au fond, que des Républiques à présidence héréditaire. Dans les pays où elles existent réellement, le chef de l'Etat s'incline toujours devant la volonté nationale légalement exprimée.

Ce genre de monarchie, nous ne le connaissons, nous, Français, que par ouï-dire, et, dans ce siècle, trois dynasties nous l'ont promis, sans nous le donner jamais.

La confiance ne saurait renaître une fois éteinte, a écrit un grand publiciste contemporain. Aussi, peut-on dire que les déceptions politiques de la France sont la base la plus ferme de ses nouvelles institutions.

Pour démontrer ce que vous êtes en droit d'attendre de la République, prenons quelques exemples.

Quel autre gouvernement que celui du pays par le pays serait aussi résolu à pourvoir au développement de l'enseignement primaire et professionnel?

Bon nombre de monarchistes en contestent

l'utilité et voient même un danger social à sa diffusion.

Quel autre gouvernement consentirait à reconnaître le droit de réunion et d'association, dégagé des obstacles légaux et administratifs qui en entravent l'usage, et nous ferait jouir, à cet égard, des droits reconnus à tous les citoyens des pays libres?

Nos prétendants et leurs partisans y verraient certainement un péril pour le gouvernement plus ou moins arbitraire qu'ils seraient parvenus à établir contre la volonté du pays.

Quel autre gouvernement aurait l'indépendance nécessaire pour faciliter le débouché de vos produits par le développement de la viabilité ferrée, canalisée et locale?

La monarchie, quelle qu'elle fût, ne voudrait pas toucher aux monopoles financiers, et s'inclinerait, comme par le passé, devant les grandes Compagnies privilégiées.

Enfin, quel autre gouvernement reconnaîtrait mieux la nécessité d'intervenir dans les travaux d'endiguement qui dépassent les forces des communes isolées, pour préserver de l'inondation le sol et les récoltes de nos riches vallées, et les mettre à l'abri des désastres dont les rives de nos principaux fleuves ont successivement offert l'affligeant spectacle?

Nos précédents gouvernements ont failli à cette œuvre de préservation. Le dernier surtout, si prodigue des deniers publics, et sous lequel commençait à sévir avec tant de gravité le fléau des inondations, a reculé devant cette tâche dont une imprévoyance séculaire lui faisait un devoir impérieux, et a cru avoir assez fait en recourant au système tardif et insuffisant du reboisement.

Vous voyez combien la liberté politique est nécessaire au progrès social. Elle l'est, à ce point qu'on ne saurait, à notre époque, les concevoir l'une sans l'autre.

Les événements de ce siècle sont bien faits pour guérir les Français de la chimère des dictatures providentielles.

Le progrès social est, de son côté, la meilleure garantie de la liberté politique. En effet, plus les citoyens voient leur aisance s'accroître avec leurs lumières, plus ils s'attachent aux institutions auxquelles ils sont redevables de ces bienfaits.

Aussi, appuyé sur l'histoire et sur la science, ne craignons-nous pas de vous dire en terminant : *Aimez la Révolution qui vous a faits ce que vous êtes, et défendez la République qui en est la fidèle et vivante expression.*

Benjamin RAMPAL.

Paris, septembre 1877.

CHAPITRE PREMIER

**Les Sociétés coopératives agricoles pour l'achat
des matières premières.**

En raison de leurs nombreuses relations avec les
Sociétés coopératives de crédit, tant des petites que
des grandes villes situées dans leur voisinage, les
agriculteurs avaient eu, sans contredit, l'occasion
d'apprécier les avantages que leur offrirait leur formation en groupes coopératifs. Ce n'est toutefois que
tardivement, et sur une échelle restreinte, qu'ils sont
enfin venus à se constituer en Sociétés coopératives,
dont la tâche spéciale est de favoriser le développe-
industriel de l'*exploitation agricole* que chacun d'eux
dirige. Mais, jusqu'ici, parmi les Sociétés de ce genre
qui ont réussi à s'établir, les plus nombreuses sont
encore, dans le cas présent, celles dont le but est de
mettre leurs sociétaires *dans les conditions les plus
favorables à la production;* en d'autres termes, les
Sociétés qui, en vue de l'exploitation industrielle de
l'agriculture, achètent en gros et pour le compte de la
collectivité les matières premières, les engrais, l'ou
tillage et les instruments aratoires nécessaires, pour

revendre tous ces articles au détail aux membres composant leurs Associations. Dans bien des cas, ces sortes de Sociétés commencèrent leurs opérations par les approvisionnements d'engrais artificiels, et comme il n'existait à leur proximité aucun exemple qui leur parût présenter plus d'analogie que les *Sociétés de consommation* des villes, il en résulta qu'elles prirent le nom de Sociétés de consommation pour l'achat des engrais. Mais, néanmoins, comme depuis l'extension croissante de leurs transactions ces Sociétés, même celles qui, à titre exceptionnel, s'occupent des approvisionnements d'articles de consommation générale, tels que sucre, pétrole, pour en opérer aussitôt la répartition entre leurs membres, n'ont jamais cessé de considérer comme le principal objet de leur entreprise l'acquisition des matières premières et du matériel indispensable à l'*exploitation industrielle agricole*, il ne convient pas de les classer parmi les *groupes de consommation*, mais il faut, avec raison, les ranger au nombre des *Sociétés coopératives pour l'achat des matières premières*.

Ces Sociétés de coopérateurs agricoles ainsi groupés pour l'achat des matières premières, de même que les autres agrégations qui, avec une organisation analogue, poursuivent un but identique, se sont tout d'abord formées dans la région occidentale de l'Allemagne. Ce sont des contrées, en effet, où le morcellement de plus en plus rapide de la propriété foncière met le petit propriétaire, vu son état d'isolement, aux prises avec de très graves difficultés, chaque fois qu'il se propose d'exercer son industrie d'une manière conforme aux récents progrès des sciences, notamment de la chimie agricole, lesquels seuls peuvent lui permettre de faire rendre au sol tout ce que l'on peut en tirer de revenu constant. D'autre part, dans ces mêmes pays, la proximité des habitations agricoles entre elles rend beaucoup plus facile la création de Sociétés coopératives. En outre, LA LIGUE AGRICOLE QUI S'EST FORMÉE DANS LA PRUSSE RHÉNANE a eu la gloire, tant par les tournées scientifiques de ses membres que par de nombreux articles publiés dans sa Revue périodique, d'encourager à la formation de ces Sociétés et de contribuer à leur développement. C'est ici le cas de mentionner un opuscule de *C. de Lansdorff*, intitulé « *Les Sociétés agricoles de crédit et de consommation.* » Cet écrit, édité en 1871, à Neuwied, et précisément en vue de seconder les efforts faits par la Ligue à laquelle nous venons de faire allusion, renfermait, entre autres choses et à côté d'explications pratiques, un modèle de statuts à l'usage des *Sociétés pour l'acquisition du matériel d'exploitation.* C'est ainsi que, dans ladite localité, on appelait les Sociétés coopératives agricoles d'achats de matières premières avec une dénomination très exacte, mais quelque peu longue. L'on trouvera, d'ailleurs, sur ce sujet, dans les feuilles périodiques agricoles de l'époque, plus d'un article très important, dont l'utilité aurait pu être plus généralement appréciée, si la propagande de ces journaux ne se fût adressée le plus souvent à un cercle très étroit.

Mais si, comme cela eut lieu pour les artisans des villes, le besoin de Sociétés coopératives se fît sentir à l'origine parmi les simples cultivateurs ne possédant que de petits lots de terrains, et conduisit à une organisation qui fût en rapport avec ce besoin, le mouvement, toutefois, ne se maintint pas longtemps dans cette humble sphère. En effet, dans d'autres provinces, il s'étendit rapidement à des propriétaires fonciers plus aisés, et parfois ceux-ci, comme on le voit par ce qui s'est passé dans la Prusse orientale, en furent eux-mêmes les initiateurs; car à eux aussi il était non moins avantageux de se procurer, au moyen des formes coopératives et par des achats collectifs, les approvisionnements d'engrais et de fourrage qui leur étaient surtout nécessaires. En pareil cas, il devait certainement arriver que, dès que les heureux résultats donnés par ces Sociétés coopératives et leur prospérité croissante viendraient à être connus dans des cercles plus étendus, les populations agricoles, bien que naturellement indolentes, n'en prendraient pas moins un intérêt de plus en plus vif pour ce genre de Sociétés coopératives si spécialement adaptées à leurs besoins.

L'analogie du but et la communauté d'origine, tant des Sociétés coopératives formées par les artisans des villes que de celles dues au groupement des cultivateurs, n'empêchent pas qu'il ne doive exister entre les unes et les autres des différences de plus d'un genre, ayant leur raison d'être dans la nature si diverse de ces deux ramifications de l'industrie humaine. Nous ne manquerons pas de les faire ressortir ici, afin de marcher d'un pas plus rapide lorsque nous aurons à exposer les motifs des dispositions spéciales que contient, sous ce rapport, le modèle des statuts.

Dans les Sociétés coopératives agricoles, les adhérents se trouvant disséminés sur un espace très étendu, il est impossible de convoquer les sociétaires en assemblée générale aussi souvent que cela a lieu dans les villes, à l'égard des membres des groupes coopératifs; de là une diminution dans l'influence qu'exerce l'assemblée générale. A cet inconvénient vient s'ajouter qu'en ce qui concerne les sociétaires qui habitent par trop loin, on ne peut guère leur refuser le droit de voter par l'entremise d'un autre membre, ce qui, d'ordinaire, ne saurait être permis dans les Sociétés coopératives. Les choses se passent d'une façon analogue relativement à la délégation. Les personnes qui la composent ont leurs habitations éparses sur un vaste territoire, et, par suite, la délégation a plus de peine à remplir les devoirs auxquels elle est surtout tenue, et qui consistent à exercer une surveillance des plus actives et des plus minutieuses. On se trouve donc conduit à donner, en conséquence, à l'*administration*, une organisation autre que celle dont jouissent les Sociétés coopératives d'artisans, où la délégation a, d'une façon directe et permanente, sous les yeux les actes de la direction et peut facilement intervenir sur-le-champ. La mesure dans laquelle chaque organe devra fonctionner relativement aux autres est aussi en partie différente, et, certes, c'est là un des points les plus importants de l'organisation de toute Société coopérative.

Parfois, ainsi que nous l'avons vu dans le premier chapitre de la deuxième division de cet ouvrage, la question des moyens propres à préserver les Sociétés coopératives d'artisans des pertes qui pourraient résulter de la vente à crédit, est pour elles de la plus haute gravité. La mauvaise habitude du public, encouragée, du reste, par l'insouciance des artisans, a conduit ces derniers à accorder à leurs clients un crédit trop étendu, tandis que, de leur côté, ils se sont vus assez souvent dans la nécessité de recourir.

par suite, aux achats à terme pour se procurer les matières premières de leurs industries. Les Sociétés coopératives qui poursuivent ce dernier but, dans leur désir de répondre à ce besoin de crédit de leur clientèle, ont souvent négligé de restreindre le crédit proportionnellement au chiffre et aux termes fixés, ainsi que d'exiger le payement des intérêts, chose absolument nécessaire dans le cas qui nous occupe. Il en est résulté des pertes considérables et la ruine de beaucoup de Sociétés coopératives. L'industrie rurale repose, à cet égard, sur une base plus solide. Le cultivateur, et c'est là la règle en général, vend ses produits au comptant, et, par conséquent, dans le cours normal des transactions, se trouve avoir devant soi les fonds indispensables pour le payement au comptant des matières premières et du matériel nécessaires pour qu'il soit en mesure de faire face aux exigences de la nouvelle récolte. Mais se trouve-t-il avoir besoin, pour des améliorations en voie d'exécution ou pour tout autre emploi analogue, de fonds plus considérables que ceux qu'il retire de ses recettes courantes, il ne s'ensuit pas que la Société coopérative pour l'achat des matières premières soit tenue de les lui fournir, sous prétexte qu'elle lui cède à crédit les matières premières de son industrie : bien loin de là ; on devra, au contraire, renvoyer le cultivateur dans ce cas auprès des Sociétés d'avances, chez lesquelles il pourra aisément satisfaire à ses besoins de fonds, quelle que soit, du reste, la localité où il se trouve, car il existe en Allemagne un très grand nombre de ces institutions. La vente à crédit peut donc, dans les Sociétés coopératives agricoles, ainsi qu'en témoignent d'ailleurs des expériences répétées, être absolument interdite. Cette circonstance contribue beaucoup à faciliter les transactions intérieures du groupe, ainsi que la tenue des livres. Les risques de pertes se trouvent de la sorte notablement réduits, et le rapport du fonds de réserve et du capital de garantie à l'égard de la totalité du capital d'exploitation n'est pas sans s'en ressentir avantageusement.

Enfin, nous noterons encore une différence caractéristique entre les Sociétés coopératives industrielles et les Sociétés coopératives d'agriculteurs, différence qui, à la vérité, ne figure guère dans les Statuts, mais qu'il n'est pas rare, par contre, de constater dans la pratique administrative de leurs affaires. Pour les Associations agricoles il existe, en effet, parmi les articles qu'elles demandent au commerce, une catégorie de la plus grande importance, nous voulons parler des engrais artificiels, dont le prix ne peut être établi qu'à la suite d'un examen scientifique, attendu qu'il est impossible de se prononcer à ce sujet d'après l'apparence extérieure de cette marchandise.

Après ces remarques préliminaires, indispensables pour se rendre compte des combinaisons à l'égard desquelles les Sociétés coopératives agricoles, en général, s'écartent des précédentes, nous allons descendre aux détails particuliers de leur organisation, en nous bornant toutefois aux points seuls où elle diffère de l'organisation des Sociétés coopératives industrielles. Nous renvoyons, d'ailleurs, au premier chapitre de la deuxième division de cet ouvrage, en ajoutant toutefois expressément qu'en raison des épreuves auxquelles peut se trouver exposée cette branche encore si faible du système coopératif, le besoin de nombreuses améliorations dans les combinaisous que nous recommandons devra nécessairement se faire sentir.

I

ORGANES DE LA SOCIÉTÉ COOPÉRATIVE.

1° *Direction.*

La convenance qu'il y a à maintenir à trois le nombre des membres de la direction se trouve justifiée par les motifs exposés aux pages 77 à 83 de la première partie. Mais, en vue d'exercer un contrôle effectif sur l'administration malgré les distances considérables qui, quant à l'habitation, séparent les uns des autres les membres de ces Sociétés, une mesure qu'il est bon de recommander, consiste, au contraire de ce qui a lieu dans les Sociétés coopératives industrielles pour l'acquisition des matières premières, à ne pas confier aux mêmes personnes, c'est-à-dire à la direction, *l'achat et la vente* des marchandises. Loin de là, il convient de charger de la vente, sous la surveillance des directeurs, le *chef de magasin* agissant en qualité d'*employé* spécialement préposé à cet effet par la Société coopérative. Le chef de magasin ne faisant pas partie de la direction, et son concours dans les cas d'achats des marchandises étant interdit, l'on coupe ainsi court à tous les bénéfices secrets qu'il pourrait, au moyen de conventions contraires à la probité, obtenir des fournisseurs au détriment des intérêts de la Société coopérative. Mais si ensuite, à l'occasion de la vente, des irrégularités lui étaient imputables, il n'est pas nécessaire que la délégation se réunisse pour décider s'il y a lieu ou non de le suspendre de ses fonctions. Cette suspension peut, au contraire, être prononcée sur-le-champ par la direction, pourvu toutefois que, dans la stipulation des clauses du contrat passé avec le chef de magasin, on ait eu soin de prendre les précautions voulues.

De même, l'exclusion du chef de magasin de la direction ne saurait aucunement nuire à la surveillance dont on ne peut se passer à l'égard du caissier. Bien plus, les deux autres membres de la direction, agissant ici de concert, sont d'autant mieux en position d'exercer le contrôle voulu que n'ayant pas à s'occuper spécialement des détails administratifs, ce dont ne saurait en aucune façon se dispenser le chef de magasin, tous leurs moments ne sont pas pris et ils ne se trouvent pas absorbés exclusivement par leurs fonctions; en outre, à raison de leur gestion, ils doivent, à tout instant, se rendre exactement et complétement compte de l'ensemble des opérations.

Comme il convient d'attribuer une grande importance à ce que les actes du caissier soient soumis *au contrôle de l'administration*, la troisième personne qui, dans le Comité de direction, exerce des fonctions concurremment avec le gérant et le caissier, est désignée dans les statuts sous le titre de *vice-gérant* et non de *collègue adjoint*. L'on entend marquer par là que cette personne doit venir en aide au gérant dans l'accomplissement des devoirs de sa charge, qu'elle doit lui prêter son concours pour surveiller le mouvement de caisse, que son rôle, enfin, n'est nullement, comme pourrait aisément le faire supposer la dénomination d'adjoint, celle d'un simple bouche-trou. Le vice-gérant ne se bornera pas, comme cela avait précédemment lieu avant la promulgation de la procédure aujourd'hui en vigueur, conformément à la loi sur les Sociétés coopératives, à prendre part à l'administration d'une manière passagère et dans les seuls cas où le membre de la direction qu'il représente, et aux droits et devoirs duquel il est subrogé, se trouve empêché et uniquement pendant la durée de cet empêchement, mais, au contraire, il devra agir comme membre permanent de la direction et sera, en cette qualité, chargé de tenir la correspondance de la Société.

La plupart des membres de la direction n'occupant cette place qu'à titre d'emploi supplémentaire et s'adonnant surtout aux travaux agricoles qui constituent leur profession et leur principale occupation, il paraît plus conforme au but qu'on a en vue de fournir l'occasion à l'assemblée générale, par des réunions tenues à des intervalles réguliers, de se prononcer formellement, au moyen de nouvelles élections, sur le maintien en fonctions des anciens directeurs ou sur l'adjonction d'autres personnes aptes à leur venir en aide dans l'exécution des devoirs de leurs charges; et, à cet effet, l'on a prescrit dans les statuts le renouvellement des élections après une période triennale.

Des élections sur convocation auraient, en ce qui concerne la direction, ce résultat que des directeurs d'une capacité insuffisante pour la tâche qu'ils auraient à remplir ne s'en maintiendraient pas moins très longtemps dans cet emploi. Une partie des sociétaires habitant, en effet, à des distances considérables les uns des autres n'auraient, en dehors de leur réunion en assemblée générale, que difficilement l'occasion de discuter et de s'entendre sur la question de savoir s'il est utile aux intérêts du groupe de donner la main à une convocation.

Quant à placer à côté de la *direction* et du *chef de magasin* d'autres personnes en qualité d'*employés* ou de *fondés de pouvoirs* pour administrer des affaires spéciales, voire une branche d'opérations, c'est là un cas qui, dans des établissements de ce genre, ne se présente que bien rarement ; aussi ne s'en est-on pas préoccupé dans la rédaction des statuts-types. Naturellement cela n'exclut pas, dans certaines circonstances, par exemple, si la nomination d'un ou de plusieurs agents devenait une nécessité par suite de l'étendue du territoire sur lequel se trouveraient disséminés les adhérents à la Société, la faculté de désigner un fondé de pouvoirs, en s'autorisant du paragraphe 30 de la loi sur les Sociétés coopératives, et il faudrait alors ne pas perdre de vue les observations faites à ce sujet, pages 81 et 82 du premier volume.

2° La Délégation.

L'on comprendra sans peine que, pour la formation d'un Comité de délégation, il convient, en thèse générale, de suivre les prescriptions de la loi sur les Sociétés coopératives, et, par conséquent, qu'il y a lieu d'appliquer également aux groupes agricoles les observations émises aux pages 82 et 83 de la première partie, relativement à la tâche de la délégation en tant que pouvoir contrôlant. Seulement, les conditions où se trouvent les Associations de cultivateurs conduisent forcément à limiter davantage l'action des délégués à la surveillance et plus étroitement que lorsqu'il s'agit de Sociétés coopératives d'artisans.

Dans la pratique, ce ne serait pas chose aisée que

de convoquer en séance commune la direction et la délégation, chaque fois que de nouveaux approvisionnements devenant nécessaires, il y aurait lieu de discuter les conditions d'achat, et si nous supposons la livraison des marchandises comme déjà faite, il ne serait pas non plus facile de tenir une nouvelle séance en commun pour l'établissement des prix de ventes; aussi, en général, est-il préférable de remettre à la direction le soin des *achats* et des *ventes*. Mais pour que, dans des cas de ce genre, la direction ne puisse jeter la Société dans des complications qui lui feraient courir des risques sérieux, soit en achetant des marchandises de mauvaise qualité, soit en donnant des ordres pour des articles dont le besoin ne se ferait pas sentir, il a été arrêté dans les statuts-types, paragraphe 31, que la direction serait astreinte à demander *l'approbation de la délégation :*

1° A l'occasion des contrats à passer avec le chimiste de la Société ;

2° Pour l'importation de marchandises nouvelles destinées à la mise en vente ;

3° Dans le cas où il s'agirait de consacrer à des articles spéciaux des sommes considérables.

Il y a, pour la prospérité d'une Société de ce genre, une telle importance à obtenir une exacte analyse chimique des engrais qui lui sont fournis et qui, pour ces Associations, formeront toujours un article de premier ordre, que, tant à l'égard de la personne du chimiste que par rapport aux stipulations du contrat à passer avec celui-ci, l'on devra faire en sorte que la délégation ait, dans toute occurrence de cette nature, à prêter son concours. Comme ensuite ce n'est que sous réserve de l'approbation du Comité des délégués que peut avoir lieu, en vue de la vente, l'importation de nouveaux articles, il sera impossible, à quel moment que ce soit, de passer des ordres pour des articles qui, dans l'opinion de la délégation, ne répondraient pas aux besoins des membres, et l'on empêche par ce moyen la direction d'acheter des articles qui n'auraient peut-être d'utilité que pour elle seule. La limitation des achats pour une même marchandise à un chiffre n'excédant pas par exemple 400 thalers, à moins d'autorisation contraire de la part de la délégation, n'empêche pas, en vérité, la direction de réunir, même dans ces limites, un stock trop considérable d'articles à bon marché, mais peu demandés, et de nuire ainsi aux intérêts de la Société. Mais, par de telles opérations, celle-ci n'éprouve le plus souvent que des pertes légères, comparativement à celles qui proviendraient d'achats inutiles d'articles coûteux, dont le prix pourrait s'élever à plusieurs centaines de thalers. En tout cas, une restriction de ce genre vaudra toujours mieux que l'alternative qui consiste, soit à laisser les mains libres à la direction qui pourrait engager la Société par des achats opérés en masse et lui ferait courir des risques impossibles à calculer, soit à exiger l'assentiment de la délégation pour tout achat quelconque, chose souvent inexécutable dans la pratique.

Relativement aux Sociétés coopératives agricoles pour l'achat de matières premières, c'est dans les *séances tenues en commun* par la direction et la délégation que l'on a à statuer sur les sujets les plus importants, tandis qu'ici les seuls points que nous ayons à signaler comme étant du ressort de ces séances (attendu qu'il n'y a pas lieu de dresser de liste relative aux crédits que pourraient mériter les sociétaires, toute vente, d'après les règlements, devant se faire contre payement au comptant) consistent uniquement dans les questions d'admission des nouveaux membres, qu'on pourrait au besoin laisser à l'appréciation de la direction, et dans les décisions relatives à l'emploi des allocations destinées à former le fonds consacré à propager l'enseignement (paragraphe 3 des statuts).

Il serait peut-être préférable que ce dernier point fût réservé à l'assemblée générale, si celle-ci n'était déjà assurée d'exercer une influence sur les mesures qui pourraient être prises dans les séances communes, par la raison, comme nous aurons lieu de le dire plus tard, qu'elle est appelée à se prononcer au sujet du prorata à prélever sur les bénéfices nets pour les fonds consacrés à l'instruction. Elle pourra donc toujours, à l'occasion de la répartition des bénéfices, exiger des directeurs et des délégués compte de l'usage de ces fonds et faire dépendre de l'emploi qu'ils en auront fait la quote-part qu'elle sera disposée à accorder par la suite.

3° *L'Assemblée générale.*

La convocation des assemblées générales, tous les trimestres, est une chose réellement impraticable lorsqu'il s'agit de Sociétés coopératives agricoles, car il arriverait inévitablement que ces assemblées ne coïncideraient que trop souvent avec les époques où l'agriculteur est tellement occupé aux travaux des champs ou de la moisson, qu'il lui est impossible de se rendre à des réunions quelconques. En ne tenant que deux assemblées générales ordinaires par année, il est aisé d'obvier à cet inconvénient, d'autant qu'il n'est pas nécessaire qu'entre les deux convocations il y ait exactement un laps de temps de six mois, èt qu'au contraire l'on peut évidemment, suivant les besoins, diviser l'année de toute autre manière.

Mais si l'on obtient de la sorte que les membres prennent une part tant soit peu active aux travaux des deux assemblées générales, ce ne serait pas là une raison pour se coutenter d'une seule réunion annuelle. Les Sociétés de cette catégorie en sont encore à la première phase de leur développement; il est donc d'autant plus désirable, pour qu'elles puissent se propager, que l'administration se trouve en contact avec les sociétaires. C'est pourquoi les statuts-types, en outre de l'assemblée générale qui doit être convoquée à la fin de l'année pour l'approbation des comptes de l'exercice courant, ont prescrit la réunion d'une deuxième assemblée générale ordinaire, que l'on aura à tenir dans le cours de l'année même.

En ce qui concerne le droit de *prendre part* à l'assemblée générale, il est indispensable, quand il s'agit des Sociétés dont il est ici question, de reconnaître la légitimité de la transmission du droit de vote, si l'on veut empêcher que les membres qui habitent dans le voisinage du siége de l'Association et qui, quant à la facilité qu'ils rencontrent pour faire leurs achats dans l'entrepôt sociétaire, se trouvent favorisés en comparaison de ceux qui demeurent à des distances éloignées, ne jouissent en outre d'une influence prépondérante dans les délibérations de l'assemblée générale, à laquelle ils pourront prendre part en plus grand nombre que les autres membres, ceux-ci, en raison de leur éloignement considérable, rencontrant pour s'y rendre beaucoup plus de difficultés. Mais, d'autre part, ce droit de se faire représenter dans l'assemblée générale ne doit pas non plus dégénérer en un abus. C'est ce qui aurait lieu, si les personnes qui n'appartiennent pas à la Société pouvaient influencer les décisions de l'assemblée générale, ou si les sociétaires qui habitent à des distances considérables du siége de la Société pouvaient exercer une action préjudiciable aux intérêts de celle-ci, en conférant à un seul et même membre leurs procurations, et en lui assurant ainsi une influence décisive dans l'assemblée générale. Aussi les statuts-types, paragraphe 32, stipulent que le droit de suffrage ne sera transmissible qu'à un membre et qu'aucun sociétaire ne pourra avoir plus de trois voix. Eu égard au droit de voter par procuration, le dénombrement public des votes, au cas où le résultat obtenu par la levée des mains se trouverait douteux, n'a plus de raison d'être: On lui substituera donc le vote par scrutin, conformément aux prescriptions des statuts.

Les obligations imposées par les statuts-types, paragraphe 44, à l'assemblée générale n'ont pas besoin d'être plus amplement motivées.

II

PARTS SOCIALES ET CAPITAUX DE GARANTIE; RÉPARTITION DES BÉNÉFICES ET DES PERTES.

Comme en ce qui concerne l'admission et la sortie, le décès et l'exclusion des sociétaires, nous renvoyons le lecteur aux observations faites dans le premier chapitre de cette division de l'ouvrage, pages 87 à 90, nous allons, sans plus tarder, aborder le très important paragraphe de la création du capital et la répartition des bénéfices dans les Sociétés de ce genre. Relativement aux différents caractères de légalité propres aux parts sociales et au capital de garantie, on trouvera dans les statuts-types et dans les précédentes explications, pages 91 et suivantes, les renseignements dont on pourra avoir besoin. Il ne nous reste plus ici qu'à faire ressortir dans quelle mesure les dispositions conseillées sont ou ne sont pas applicables aux Sociétés coopératives agricoles pour l'achat des matières premières, et partant jusqu'à quel point il est nécessaire de s'en écarter par de nouvelles prescriptions statutaires.

Si nous partons de l'hypothèse d'après laquelle la vente des marchandises ne doit avoir lieu que contre payement au comptant, la disposition relative à un capital servant de gage à la Société pour les crédits accordés à ses sociétaires, c'est-à-dire à un capital de garantie, tombe d'elle-même.

Dans ce cas, l'on peut conséquemment fixer à un chiffre plus bas le montant réglementaire des sommes que chaque membre devra réunir et verser en vue du compte ouvert pour ledit capital de garantie. Les statuts-types proposent, paragraphe 56, un minimum de 100 thalers, en d'autres termes, un chiffre moitié moins fort que celui qu'on a conseillé d'adopter pour les Sociétés coopératives industrielles d'achats de matières premières. Par contre, nous ne sommes nullement d'avis qu'en raison des considérations que nous venons d'émettre, ou bien encore par suite d'une préférence pour des statuts aussi simples et sommaires que possible, on aille, comme cela pourrait peut-être arriver, jusqu'à renoncer à tout capital de garantie. En effet, les deux motifs ci-après, qui militent avec une force irrésistible en faveur de la création de ce fonds, ne perdent évidemment rien de leur valeur en ce qui concerne les Sociétés coopératives agricoles qui ont pour but l'acquisition des matières premières :

1° Ce n'est qu'en constituant graduellement et principalement, au moyen d'un prélèvement sur les dividendes les parts sociales, qu'il est possible, dans le cas où des pertes surviendraient, de faire subir à chaque membre de la Société les conséquences des risques dans la proportion même où il a précédemment pris part aux bénéfices;

2° Si l'on abolit les cotisations réglementaires voulues pour la formation des parts sociales, on se trouve aux prises avec la nécessité de pourvoir d'une autre façon au besoin d'un capital d'exploitation qui ne soit pas retirable et qui puisse s'accroître assez rapidement, ce capital étant au début de la plus grande utilité pour donner une vive impulsion aux opérations.

Ainsi, parmi les Sociétés coopératives agricoles dont il est ici question, celles intitulées : « Sociétés pour la création d'un matériel d'exploitation agricole, » et dont il existe un certain nombre dans les provinces rhénanes, en cherchant à simplifier les rouages essentiels de leur organisme au point de ne réunir ni capitaux de garantie, ni parts sociales, s'exposent à ce qu'on leur objecte :

1° Que, dans les Société coopératives « enregistrées, » si l'on tient compte de la loi sur les Associations coopératives, paragraphe 3, n° 5, la création des parts sociales est obligatoire;

2° Que, même en faisant abstraction du point précédent, à défaut d'un capital non remboursable pendant la durée de l'association, toute base solide viendrait à manquer aux Sociétés qui tiendraient un magasin pour leur propre compte ;

3° Qu'on ne pourrait, dans ce cas, répartir les pertes qui surviendraient que par tête. Cette proportion n'est nullement en rapport avec le degré de participation des membres aux gains ou bénéfices réalisés par la Société.

Nous croyons, par conséquent, devoir recommander de bien se garder d'imiter en quoi que ce soit des combinaisons de la nature de celles dont nous avons parlé tout à l'heure, mais il faudra donner décidément aux propositions que renferment les statuts à cet égard, la préférence à laquelle ils ont droit.

Relativement aux versements à valoir sur le capital de garantie, les cotisations mensuelles ne conviennent pas aux Sociétés coopératives agricoles et devront être par suite remplacées par des apports trimestriels de 2 thalers au moins. Mais là où des agriculteurs aisés formeront entre eux une Association coopérative, on pourra, au besoin, prescrire une cotisation d'un minimum plus élevé, à la condition de ne pas rendre impossible, ou par trop difficile, l'accès de la Société aux cultivateurs ou aux employés domiciliés dans le district où elle se trouve. On ne saurait toutefois conseiller de réduire les quotités trimestrielles à un chiffre inférieur à 2 thalers, même pour les Sociétés de petits cultivateurs, par la raison que le capital de garantie par rapport au besoin proportionnellement considérable de fonds d'exploitation ne s'accroît que trop lentement. Ce besoin est ici autrement sensible que dans les Sociétés industrielles de matières premières, attendu que celles-ci peuvent, dans une année, renouveler leur capital de roulement plus souvent que les Sociétés coopératives agricoles de même genre.

Par suite des mêmes considérations, le premier et unique versement à valoir sur la part sociale de chaque membre est fixé dans les statuts-types, paragraphe 51, lettre *b*, à 3 thalers, tandis que d'un autre côté le chiffre réglementaire de la part sociale, eu égard à l'obligation de payer tous les achats comptant et, par conséquent, au peu de danger de subir des pertes, ne se trouve porté qu'à 50 thalers. Mais aussi bien à l'égard de la part sociale que des capitaux de garantie, il faut maintenir la faculté d'élever, suivant qu'il sera besoin, le chiffre réglementaire au moyen d'une simple décision de la Société, sans tenir compte des formalités prescrites pour la modification des statuts. Il n'est pas toujours facile de calculer dans quelle mesure des Sociétés de ce genre peuvent être appelées à se développer et, par cette raison, il faut, dans le cas où l'entreprise grandirait rapidement, pouvoir tracer aisément des bornes plus reculées en ce qui concerne la formation de ce capital non remboursable.

Quant au *fonds de réserve* qui, par suite du payement comptant de tous les achats, est encore moins exposé à subir des réductions motivées par des remboursements de pertes, on propose, pour le montant réglementaire auquel il convient de le porter, un prélèvement de 5 0/0 sur les parts sociales et les capitaux de garantie. Toutefois, l'on ne devra, sous aucun prétexte, se contenter de ce taux si, parmi les articles qui sont l'objet des transactions de la Société, il s'en trouve qui soient soumis à des variations de prix considérables, ou dont la conservation plus ou moins longue soit accompagnée de risques sérieux. Il faudra naturellement que les quotités imputables au fonds de réserve et à prélever sur les bénéfices nets soient en proportion directe avec le montant réglementaire plus ou moins élevé, plus ou moins faible du fonds de réserve lui-même. Si le chiffre réglementaire est fixé conformément aux prescriptions du paragraphe 58 des statuts-types, dans ce cas, il suffira, la plupart du temps, d'attribuer au fonds de réserve le 5 0/0 l'an des bénéfices nets Toutefois, nous devons avouer ici modestement que, lorsqu'on aura passé par une plus longue expérience des procédés coopératifs, il se présentera peut-être une voie plus commode pour arriver à constituer un fonds de réserve.

Il y aura en outre lieu, lors de la répartition des bénéfices, de consentir à une allocation destinée à des buts d'*utilité générale*, et il faudra de préférence viser aux *besoins de l'enseignement*, ainsi que cela est formellement exprimé au paragraphe 32 des statuts-types. Bien que, conformément à la décision presque unanime des Sociétés coopératives allemandes réunies en congrès à Nuremberg (1871), il ait été déjà recommandé aux Sociétés coopératives en général, à celles du moins dont les ressources financières le permettent, d'avoir à cœur de favoriser la propagation de l'enseignement parmi le peuple, il y a toutefois, dans ce fait, une exhortation spéciale à l'adresse des Sociétés de coopérateurs agricoles. D'une part, il est en vérité plus difficile dans les campagnes qu'au sein des villes de déployer un zèle efficace pour la diffusion d'une plus grande somme d'instruction : d'autre part, le besoin de compléter et d'achever l'éducation donnée dans les écoles s'y fait sentir bien davantage. Les Sociétés coopératives agricoles elles-mêmes ont, en outre, le plus grand intérêt à répandre les notions coopératives, et elles peuvent contribuer puissamment à la fondation de nouveaux établissements de ce genre et à l'accroissement rapide de ceux qui existent déjà. Cependant, pour que l'allocation accordée sur les bénéfices nets ne soit pas de la part d'une assemblée générale, et sous l'influence d'un mouvement de générosité excessive, portée d'un seul coup si haut que la Société coopérative en soit lésée *dans ses intérêts commerciaux*, on a pris soin de fixer, dans le paragraphe 69 des statuts-types, une limite, de façon à ce que, après prélèvement des sommes destinées au fonds de réserve et des intérêts dus sur les parts sociales, on ne puisse pas consacrer à des buts d'utilité générale plus de 5 0/0 sur le reste des bénéfices. Pour peu que l'on sè maintienne résolûment dans ces limites, personne ne pourra s'autoriser du paragraphe 35 de loi sur les Associations coopératives à l'effet d'élever une opposition fondée à l'égard d'une allocation de ce genre.

III

ACHATS POUR L'ENTREPOT SOCIÉTAIRE.

Les achats en vue d'approvisionner le magasin de la Société constituent une des charges qui pèsent le plus sur la direction. Nous avons déjà indiqué que pour l'introduction d'articles nouveaux, c'est-à-dire de marchandises qui jusque-là n'avaient pas encore été tenues par la Société, il fallait obtenir l'approbation de la délégation, dont il convient aussi de s'assurer le concours lorsqu'il s'agira de passer des ordres pour des fournitures considérables. Il va sans dire que, par cette mesure, l'on n'entend nullement s'opposer à ce que l'on tâche d'avoir sur ce point, toutes les fois qu'une occasion favorable s'en présentera, l'assentiment de l'assemblée générale. Pour les achats, tout naturellement, l'on opérera au comptant de préférence, pourvu, bien entendu, que l'on obtienne de meilleures conditions. Toutefois, il y aura lieu de s'entendre avec le négociant qui devra faire la livraison, afin qu'en tant qu'il s'agit de marchandises dont la qualité ne peut être exactement établie qu'au moyen d'une analyse chimique, il soit tenu de rembourser le surplus qui aurait été payé en trop, au cas où l'analyse donnerait un moindre rendement, ou bien l'on commencera par donner en à-compte sur le montant de la marchandise une somme considérable, et l'on ne soldera le reste de la facture qu'après que l'analyse aura été faite et suivant les résultats qu'elle offrira.

De toutes les façons, pour les marchandises en question, par exemple pour les engrais artificiels, les Associations, si elles sont en position d'obtenir une analyse chimique faite avec soin, ne devront jamais négliger de recourir à ce moyen, qui seul fournit une garantie en ce qui concerne la bonté de la marchandise. La prospérité des Sociétés coopératives industrielles qui ont pour but l'achat des matières premières, de même que la réussite des groupes de consommation, reposent surtout sur la connaissance que les directeurs ont de la marchandise, en d'autres termes, sur ce que les marchandises, quelle qu'en soit la provenance, doivent valoir le prix auquel elles ont été achetées, et il n'en est pas autrement pour les Sociétés coopératives de matières premières, si ce n'est que, dans le cas qui nous occupe, on ne peut, quant à la qualité des articles les plus importants, notamment des engrais artificiels, s'en rendre exactement compte ni par l'aspect extérieur, ni matériellement par un contact quelconque, mais uniquement au moyen de l'analyse chimique. Ainsi, la Société d'économie agricole d'Insterbourg, Société coopérative enregistrée, a fait procéder, dans l'année 1872, à soixante-six analyses, sur lesquelles quatre ont donné un rendement inférieur s'élevant au chiffre de 61 1/2 thalers. Ce montant a été porté au débit du fabricant et bonifié au réceptionnaire de la marchandise en question.

Sans doute, d'un autre côté, les analyses ont coûté à la Société chacune 3 thalers, soit ensemble 198 thalers, que la somme économisée de 61 1/2 thalers est loin de couvrir; cependant il faut tenir compte de ce que, sans cette analyse, tout contrôle à l'égard du fabricant aurait fait défaut, et, dans un pareil cas, un manque de valeur plus grand aurait pu se produire et donner une perte bien plus forte que les frais auxquels s'est élevée l'expertise. « Un continuel contrôle par les voies de la chimie, dit avec raison le plus récent compte rendu de la susdite Société, paraît être l'unique moyen de savoir quel usage on a fait de l'argent déboursé en pareille circonstance. »

Les Sociétés coopératives, en renonçant à ce moyen de vérifier la marchandise, soit par suite de leur confiance dans les fabricants, soit parce que c'est un parti plus commode, méritent donc la plus complète désapprobation.

Bien plus, en raison de l'enchaînement des relations

commerciales, ces Associations auront également à s'entendre avec les fabricants pour établir, en premier lieu, à qui incombera le soin de faire l'analyse, les deux parties contractantes s'engageant à en tenir les résultats pour exacts, et, en second lieu, pour fixer la manière dont on devra procéder dans la prise d'échantillons destinés à l'analyse. En Prusse, une entente sur le choix de la personne est, en général, chose facile; car, dans ce pays, les nombreux établissements d'essayage par la chimie appliquée à l'agriculture, lesquels ont été fondés avec le concours de l'Etat, dans chaque province, par les diverses Sociétés centrales d'agriculture, sont, en raison de l'impartialité et de la capacité scientifique de leur personnel, reconnus sans hésitation par les fabriques d'engrais comme ayant la compétence voulue en pareils cas. Les Sociétés coopératives devront se montrer d'autant plus disposées à se soumettre à cet arbitrage scientifique que ces établissements livrent les résultats des analyses sans difficulté et pour la modique somme de 2 à 3 thalers, même lorsqu'on demande qu'elles soient détaillées. Bien plus, on obtient quelquefois gratuitement les analyses, si l'on se contente d'une certaine approximation. A la vérité, là où ces établissements d'expertises chimiques n'existent pas, l'entente avec les fabricants, au sujet du choix d'un chimiste par la Société, pourra donner lieu à des difficultés; les Sociétés coopératives n'en devront pas moins, sans se décourager, tenir bon pour que l'analyse chimique ne soit pas abandonnée.

On évaluera *les quantités* de marchandises à acheter, de façon à jouir des avantages que présentent les opérations en gros. D'un autre côté, on ne dépassera pas un chiffre de commandes en rapport avec les besoins des sociétaires, soit qu'il s'agisse de leurs approvisionnements du printemps, soit qu'il s'agisse de ceux de l'automne. Ce dernier point est nécessaire, si l'on veut marcher avec un capital d'opérations aussi modeste que possible, et afin de ne pas être obligé de garder en magasin des existences trop considérables. C'est une condition à laquelle il convient d'attacher une importance d'autant plus grande que les Sociétés coopératives agricoles, formées en vue de l'achat des matières premières, en raison de la nature de l'industrie rurale dans nos pays, se trouvent sur un pied d'infériorité, en comparaison des Associations industrielles. Elles ne peuvent, comme ces dernières, faire circuler un même capital d'opérations trois et au besoin quatre fois dans une seule année, et si l'on admet les circonstances les plus favorables, elles n'ont guère de raisons pour le renouveler plus de deux fois. Il résulte de cette situation que ces Sociétés ont à supporter, à proportion, de plus forts intérêts qu'il ne faut pas encore accroître par des approvionnements trop considérables. Aussi, est-ce un des devoirs les plus sérieux de l'administration de se tenir constamment en rapport avec les membres de la Société, afin de pouvoir s'informer en temps opportun de l'étendue de leurs besoins, en ce qui concerne spécialement chaque article.

IV

VENTES DES MARCHANDISES. — AUGMENTATION SUR LES PRIX POUR LE REMBOURSEMENT DES FRAIS GÉNÉRAUX ET LE PAYEMENT DES DIVIDENDES.

Lorsque tout à l'heure nous avons fait ressortir la nécessité de la part de la direction de se régler, dans l'évaluation des quantités de marchandises à acheter, sur l'étendue des besoins des sociétaires, nous avons déjà donné à entendre que les ventes, comme cela est formellement établi par le paragraphe 62 des statuts-types, devront être limitées aux seuls membres de l'Association. Si l'on étendait aux personnes étrangères la faculté d'acheter, il en résulterait, en dehors de l'obligation où se trouverait la Société de prendre une *patente*, le très grave inconvénient d'accroître ainsi les difficultés que l'on rencontre dans les mesures relatives aux quantités de marchandises qu'il convient de faire venir. Il pourrait alors facilement arriver qu'un article fût tellement demandé par des personnes étrangères à l'Association, que les approvisionnements devinssent insuffisants le jour où des membres auraient besoin de se procurer cet article. Cela causerait à ces derniers un préjudice en comparaison duquel on ne saurait tenir compte des faibles bénéfices que la Société aurait retirés des ventes précédemment faites à des personnes étrangères au groupe.

Il faut aussi que les Associations agricoles, en raison de l'apathie des populations rurales, s'appliquent avant tout, avec la plus grande énergie possible, à les amener à prendre part aux institutions coopératives. Elles n'y réussiraient que médiocrement si elles laissaient les personnes étrangères jouir d'un des avantages principaux de l'Association. celui d'acheter des marchandises dont la bonne qualité se trouverait pour ainsi dire garantie. Nous croyons donc devoir déconseiller toute espèce de ventes qui seraient faites à des personnes étrangères au groupe coopératif.

Au demeurant, quant à la conduite à suivre en ce qui concerne la vente, le paragraphe 63 des statuts-types ne contient à cet égard qu'une disposition unique, dont nous avons donné ci-dessus les motifs avec plus de détails, et d'après laquelle les ventes ne doivent avoir lieu qu'au comptant, sans exception aucune, prescription dont l'observation rigoureuse est placée sous la responsabilité du chef de magasin. Nous ne croyons pas utile d'adopter dans les statuts d'autres prescriptions plus minutieuses, attendu que les conditions de localité varient considérablement. Il saute aux yeux, par exemple, qu'une Société agricole pour l'achat des matières premières qui s'établirait dans la Prusse occidentale, embrassant comme étendue un district le plus souvent considérable, doit, sous ce rapport, être organisée autrement qu'une Société de même genre fondée dans la Prusse rhénane, ou, si l'on veut, dans le Palatinat. Il est donc préférable, relativement à la vente, de faire figurer les mesures de détail dans les instructions que l'on donnera au chef de magasin, d'autant qu'à mesure que les leçons de l'expérience conduiront à améliorer tel ou tel point, ces instructions pourront être modifiées plus facilement que les statuts.

Quant à l'établissement du prix de vente, pour être à même de fixer l'augmentation réelle dont on doit grever le prix d'achat, en y comprenant les frais de transport, il faudra dresser un calcul aussi exact que possible de tous les frais généraux. L'on aura à porter sur ce relevé les frais pour les locaux qui se trouvent occupés par l'entrepôt, les appointements du chef de magasin et de la direction, et toutes dépenses quelles qu'elles soient, notamment celles relatives aux analyses chimiques, enfin, les intérêts dus sur le capital d'exploitation. L'entreprise venant à prendre plus d'extension, ces frais généraux iront naturellement en augmentant, mais, toutefois, pas dans une proportion directe. Du moment où le chef de magasin et, peut-être même, quelques-uns des membres de la direction sont dans le cas de devoir consacrer à la Société tout leur temps et toute leur activité, il convient, ainsi que nous l'avons précédemment démontré, pages 105 et 106 (1re partie), d'assurer à ces employés un traitement en rapport avec les circonstances où ils se trouvent personnellement et de leur accorder, en outre, un tant pour cent pour stimuler leur zèle et les intéresser à la prospérité de l'entreprise. Au demeurant, les comptes de frais dont il a été question pages 106 à 108 (1re partie) fournissent une base qu'il y a lieu de prendre en considération dans la fixation du prix de vente. Il est, toutefois, utile d'avoir présent à l'esprit que la circulation du capital d'exploitation n'a pas lieu plus de deux fois dans l'année, et que, par suite, on est forcé d'établir un taux plus élevé à l'égard du tant pour cent d'augmentation que doit supporter le prix d'achat. La Société d'agriculture d'Insterbourg, Société coopérative enregistrée, que nous avons déjà eu l'occasion de citer à plusieurs reprises, accusait pour l'année civile de 1872, en face d'un chiffre de recettes de 30,979 thalers, une somme de frais généraux s'élevant à 1,791 thalers, dont 900 pour appointements, tandis que le bilan de fin d'année présentait un total de 19,150 thalers.

Ces chiffres, sans doute, indiquent assez qu'il ne faut pas, au début surtout, porter à un chiffre trop bas le taux de l'augmentation que doivent subir les prix d'achat, si l'on ne veut s'exposer à des difficultés dans le recouvrement des frais généraux, qui ne sont pas des plus minces; mais il importe de plus, ici, de ne pas perdre de vue qu'il s'agit aussi d'arriver à pouvoir distribuer un dividende. Celui-ci, de la même manière que cela a lieu, du reste, dans nos Sociétés coopératives, exercera une puissante attraction sur les populations agricoles, et les poussera de plus en plus à adhérer aux Associations dont il est ici question. Du moment où ce dividende, comme cela se pratique dans les Sociétés coopératives d'artisans pour l'achat des matières premières, et dans les Sociétés de consommation, sera, conformément au paragraphe 69 des statuts-types, calculé d'après le chiffre de recettes que donneront les ventes. En supposant même que la Société portât trop haut le prix de vente, l'acheteur ne courrait pas encore, dans ce cas, le risque d'être lésé dans ses intérêts, car ce qu'il aurait payé en trop lui reviendrait sous la somme d'un plus fort dividende, sauf la petite quotité allouée, à titre de tant pour cent, aux divers employés. En considération des peines considérables qu'entraînent l'organisation et le premier fonctionnement d'une Société de ce genre, il ne faut pas trop hésiter à accorder, au début, cette légère rétribution supplémentaire ; avec le temps, l'expérience enseignera dans quelle mesure il sera possible de réduire les prix de vente.

V

SYSTÈME DE COMPTABILITÉ ET TENUE DES LIVRES.

Au point de vue général, il n'y a ici qu'à rappeler ce qui a déjà été dit pages 132 et 133 (1re partie), au sujet de la comptabilité des Sociétés coopératives d'artisans pour l'achat des matières premières. Là, où le personnel de la Société se compose de propriétaires éclairés, nous n'hésiterons pas, dans l'intérêt de celle-ci, à conseiller l'usage de la *Méthode de tenue des livres en partie double* de G. Oppermann, à quelques légères modifications près que nous allons indiquer tout à l'heure, d'autant que les gens capables de l'appliquer et d'en surveiller l'application dans ce cas ne feront pas défaut. Les Sociétés coopératives agricoles pour l'achat des matières premières se composent-elles, par contre, de simples cultivateurs ou d'autres personnes de même condition, l'emploi de la tenue des livres en partie double serait alors impossible, non-seulement parce qu'il ne se trouverait aucun individu capable d'organiser la comptabilité et de tenir ensuite les écritures, mais encore parce que ceux à qui incomberait le devoir de contrôler seraient dépourvus de toute notion à cet égard. Une tentative de ce genre, à raison de la méfiance qu'elle inspirerait à la masse des petits cultivateurs, aurait pour effet d'étouffer dans son germe l'entreprise avant que l'on fût positivement assuré de réussir à établir cette tenue des livres. C'est pourquoi nous recommanderons aux Sociétés coopératives qui se seraient constituées dans les conditions précédentes, la tenue des livres que nous avons eu l'occasion d'exposer à la page 137 (1re partie) et suivantes, sauf toutefois quelques modifications dont nous aurons plus loin à donner l'explication.

Quant aux Sociétés qui seront à même de faire usage du Traité d'Oppermann, une modification dans l'application de cette méthode n'est indispensable que dans la mesure où les fonctions de chef de magasin d'une Société coopérative agricole pour l'achat des matières premières, se trouvent différer de ce même emploi dans les groupes coopératifs de consommation. Chez ces derniers, la personne préposée à la direction du magasin, sociétaire par suite des transactions qui s'y succèdent sans interruption, n'a pas, dans la plupart du moins, à s'immiscer dans la tenue des livres, tandis que, pour les Associations agricoles, le chef d'entrepôt, en raison des masses proportionnelles considérables de marchandises que peut acheter en bloc un seul et même client, ce qui a pour effet de réduire dans une forte mesure les transactions qui ont lieu dans l'entrepôt collectif, est parfaitement en position de s'en occuper. Mais ce n'est pas seulement parce qu'il est ainsi possible de contrôler en détail le débit que rencontre chaque catégorie de marchandises que ce contrôle paraît utile, mais encore parce que les analyses chimiques donnent parfois des rendements inférieurs qui obligent à rembourser aux sociétaires en partie la somme qu'ils ont payée pour le montant de leurs achats, et parce qu'enfin, dans ce but, les écritures fournissent le meilleur moyen de connaître quels sont ceux qui ont acheté des marchandises d'un rendement inférieur et pour quelle quantité.

Aussi, le livre de contrôle de l'entrepôt (décompte des marchandises), qui correspond au livre de magasin pour les articles vendus au poids et à la mesure, page 242 (1re partie), devra-t-il être tenu non par le caissier, mais par le chef d'entrepôt, qui y passera écriture séparée pour chaque espèce de marchandises, et par chaque livraison, au folio du crédit sur lequel l'acheteur devra apposer sa signature.

En vue du contrôle à exercer, et afin que le chiffre des ventes portées sur ce livre soit conforme aux sommes remises au caissier, on peut convertir, en agrandissant son format, le livre du chef de magasin qui, dans les Sociétés de consommation, fournit les renseignements sur les entrées et les sorties des marchandises, en un livre de caisse dont le folio du crédit doit concorder avec les folios de crédit de tous les comptes du livre de contrôle de l'entrepôt. Dans ces conditions, ce « livre du chef de magasin » répond en substance au livre de quittances du caissier de notre tenue de livres (Formulaire 13, pages 244-245, 1re partie), sauf les modifications résultant de l'abolition des crédits accordés aux acheteurs.

Qu'il faille s'abstenir de recourir, pour la comptabilité des Sociétés agricoles de matières premières, aux jetons de dividendes, dont la Tenue de livres d'Oppermann suppose l'usage comme établi, nous n'avons pas besoin, après ce que nous avons dit quelques lignes plus haut, d'en donner ici les motifs. En effet, le chef de magasin ayant le temps suffisant pour enregistrer séparément chaque achat que fait un sociétaire, il peut aussi bien remettre à ce membre une quittance de la somme payée par celui-ci, et ces quittances serviront alors à fixer la part de dividende à laquelle ce membre a droit. Mais les Sociétés qui, à défaut d'un personnel doué de connaissances commerciales, aimeront mieux donner la préférence à la Tenue des livres exposée pages 132 à 178 (1re partie), et accompagnée de Formulaires à l'appui, pourront modifier considérablement sur plusieurs points cette même comptabilité, qu'en raison de son étendue ils craindraient peut-être d'employer. C'est ici le cas d'appliquer les modifications qui ont été développées plus en détail aux pages 177, 178, pourvu toutefois que les Sociétés fassent exécuter jusqu'au bout les mesures relatives au payement au comptant, sans exception d'aucun genre. C'est là un point qu'il faut recommander aux groupes de petits cultivateurs et autres personnes de condition analogue, d'une façon encore plus pressante que lorsqu'il s'agit de groupes formés par des propriétaires jouissant d'une certaine aisance. Mais, en outre, les livres mentionnés ci-dessus, Formulaires 9 et 10, p. 240 et 241 (1re partie), cessent d'avoir aucun objet, de sorte que toute la tenue des livres du chef de magasin se réduit à un livre de magasin, avec entrée pour les achats et sorties pour les ventes, ce qui forme un ensemble, et à un livre de quittances du caissier. Comme contre-poids à ces simplifications importantes pour le chef de magasin, on lui imposera, d'autre part, l'obligation même dans cette méthode abréviative de tenue des livres de passer écriture sur le livre de magasin, Formulaire n° 1, en détail et non en bloc de tout article qu'achètera un sociétaire.

Convient-il de maintenir le carnet des achats, Formulaire n° 15, p. 248 (1re partie) ? Vaut-il mieux y substituer un système de quittances détachées, comme nous en proposons aux Associations d'agriculteurs aisés ? C'est là un point qui, avant tout, dépendra des circonstances locales. Il est impossible d'établir à ce sujet une règle générale.

APPENDICE AU CHAPITRE PREMIER

—

Statuts ou Contrat d'Association de la Société coopérative agricole, pour l'achat des matières premières, la ...., Société coopérative enregistrée.

RAISON SOCIALE, SIÉGE ET OBJET DE L'ENTREPRISE.

§ 1. — Les soussignés se sont réunis à l'effet de former une Société coopérative, sous la raison sociale la ...., Société agricole pour l'achat des matières premières, dûment enregistrée, conformément à la loi de l'EMPIRE du 4 juillet 1868. L'objet de l'entreprise est l'achat des matières premières et d'amendement nécessaires à l'exploitation agricole, notamment des engrais chimiques et des semences de choix, ainsi que de l'outillage, instruments et autre matériel, pour le compte collectif et en vue de revendre ces articles aux sociétaires. La Société a établi son siége à ....

CAPITAL DE LA SOCIÉTÉ COOPÉRATIVE.

§ 2. — Le fonds social sera formé au moyen des apports des membres et des parts sociales, conformément aux dispositions énoncées plus loin. Il se compose :

1° Du *capital réel de la Société coopérative,* appartenant à la collectivité et servant de *réserve* pour les opérations de l'entreprise;

2° Du *capital des sociétaires*, c'est-à-dire de leurs parts sociales et des capitaux de garantie laissés par les membres dans la caisse coopérative.

La proportion légale entre ces deux parties constitutives sera fixée dans les paragraphes suivants :

ADMINISTRATION ET GESTION DES AFFAIRES DE LA SOCIÉTÉ COOPÉRATIVE. — ORGANES DE LADITE SO-CIÉTÉ.

§ 3. — La Société administre elle-même ses affaires avec le concours de tous ses membres. Elle a pour organes :

1° *La Direction*,

2° *La Délégation* (Conseil de surveillance ou d'administration),

3° *L'Assemblée générale*.

I

DE LA DIRECTION.

1° *Composition et Elections.*

§ 4. — La direction se compose de :

1° Un gérant;

2° Un sous-gérant;

3° Un caissier;

qui sont choisis en assemblée générale parmi les sociétaires, au scrutin et par élection séparée, pour une durée de trois années.

La réélection des mêmes personnes, après l'expiration de la période assignée à leurs fonctions, est autorisée.

2° *Validation.*

§ 5. — La validation, à l'égard des membres de la direction, sera constatée par le procès-verbal qui sera dressé à l'occasion des délibérations de l'assemblée générale, relativement aux élections (paragraphe 43).

Les nominations devront être notifiées sans retard au tribunal de commerce, au moyen de la remise de deux copies du procès-verbal des élections, remise qui sera faite collectivement par tous les membres de la direction, comparaissant en personne, avec déclaration, en outre, de l'acceptation des fonctions; en suite de quoi, ces mêmes membres auront à donner leurs signatures en présence du Tribunal, ou les lui faire parvenir dûment légalisées.

3° *Signature au nom de la Société.*

§ 6. — La signature se donne par l'adjonction des noms des signataires à la raison sociale, mais elle ne saurait avoir d'effet légal, en ce qui concerne la Société, que si elle a été donnée par deux membres au moins de la direction.

4° *Pouvoirs et gestion de la direction au point de vue général.*

§ 7. — La direction a qualité pour représenter la Société coopérative judiciairement et extra-judiciairement avec tous les pouvoirs qui lui sont conférés par la loi sur les Associations coopératives du 4 juillet 1868, paragraphes 17 et suivants.

§ 8. — Elle dirige librement les affaires de la Société, dans les limites des présents statuts et des décisions ultérieures de la Société, et sauf les points où elle est tenue d'obtenir l'assentiment de la délégation (Conseil de surveillance) ou de l'assemblée générale.

§ 9. — La Société coopérative se trouve toutefois engagée vis-à-vis des tiers pour les affaires conclues par la direction, lors même qu'elles n'ont pas reçu l'approbation exigée. Par cette raison, les directeurs devront répondre solidairement sur tous leurs biens des dommages qu'ils auront causés à la Société, soit en outrepassant les limites fixées à leurs pouvoirs, soit de propos délibéré, ou par négligence.

§ 10. — La direction maintient, ainsi qu'elle y est obligée, dans une ligne régulière les affaires de la Société, veillant à ce que la tenue des livres soit complète et d'une vérification facile, à ce que le bilan soit dressé exactement à chaque fin d'année, paragraphe 26 de la loi sur les Associations coopératives, en se conformant d'ailleurs aux prescriptions du Code général de commerce de l'Allemagne; enfin, elle prend les mesures de sécurité nécessaires à l'égard des soldes de caisse et de tous titres et documents quelconques.

La direction décide également au sujet des achats pour l'approvisionnement de l'entrepôt, aussi bien que des ventes, dans la mesure ou aux termes des présents statuts, elle n'est pas soumise à l'autorisation préalable de la délégation, et elle charge, sous sa surveillance, le chef de magasin de prendre les dispositions voulues pour la conservation des marchandises appartenant à la Société.

§ 11. — La direction devra prendre un soin tout particulier à l'égard des déclarations qu'il y a lieu de faire au tribunal de commerce, en vertu des paragraphes 4, 6, 18, 23, 25, 36, 41, 48 et 51 de la loi sur les Associations coopératives, ainsi qu'en ce qui concerne les publications relatives aux objets désignés dans lesdits paragraphes.

Elle devra également remplir les obligations qui lui sont imposées par les paragraphes 26, 31, 52, 56 jusqu'à 58 inclusivement de la même loi. Elle encourrait, dans le cas contraire, les pénalités édictées par ladite loi (§§ 66-68), pour les cas d'infraction, et serait notamment sujette à des amendes, sans que la caisse de la Société fût tenue à aucun remboursement de ce chef.

La remise au tribunal du présent contrat d'association, joint au rôle des sociétaires, comme aussi des procès-verbaux de toutes les décisions de l'assemblée générale ayant pour objet de modifier ou de compléter les dispositions dudit contrat, sera faite par les directeurs comparaissant en personne.

Le dépôt du contrat d'association ou statuts se fera au moyen de l'acte original, auquel on joindra une copie des mêmes, à la main ou à la presse; il devra également être remis un double des décisions de la Société.

§ 12. — Les membres de la direction expédieront les affaires relatives à la Société, au fur et à mesure qu'il y aura lieu, dans des séances que présidera le gérant et qui devront être tenues, soit à des époques fixes, soit à la suite d'une convocation faite par le susdit employé; mais alors l'objet des délibérations devra être indiqué à l'avance.

A l'égard de toute mesure à prendre dans les intérêts de la Société coopérative, il faudra le consentement de deux des membres au moins de la direction.

4° *Mandat spécial de chaque membre de la direction.*

§ 13. — En dehors et conjointement aux obligations générales précédemment spécifiées, chaque membre de la direction est tenu de remplir des fonctions spéciales dans les conditions ci-après :

Le caissier est chargé de recouvrer toutes les valeurs à encaisser pour le compte de la Société ; — de toucher des mains du chef de magasin, à des époques fixées par ses instructions, le montant des recettes provenant des ventes ; — de donner quittance sous sa signature, jointe à celle d'un autre membre de la direction, pour lesdites sommes dont il aura le dépôt, de tenir enfin le livre de caisse et le grand-livre.

§ 14. — Il fera face aux *dépenses* que devra acquitter la caisse sociale, mais seulement contre un mandat écrit et qui devra en outre être signé par deux des membres de la direction, lui-même pouvant être l'un de ces deux signataires.

§ 15. — Le caissier sera tenu de fournir à la Société *un cautionnement*, dont les conditions particulières seront stipulées dans le contrat qui sera passé *avec la délégation* (Conseil de surveillance), sous réserve d'approbation par l'assemblée générale.

§ 16. — Le gérant prend part à toutes les décisions relatives au règlement des affaires dont il devra lui être donné connaissance, ainsi qu'à toutes vérifications des soldes en caisse et des existences au magasin, au sujet desquels il devra être également renseigné. S'aperçoit-il de déficits ou d'irrégularités dans le maniement des fonds en caisse, il devra en informer sur-le-champ la délégation, afin que celle-ci prescrive les mesures nécessaires pour y remédier. Par contre, si dans l'administration du magasin l'on constatait des détournements de marchandises ou des désordres quelconques, c'est à lui qu'incombe le soin de se concerter immédiatement avec la direction, à l'effet de prendre les dispositions nécessaires pour sauvegarder les intérêts de la Société, en suspendant au besoin le chef de magasin de ses fonctions.

§ 17. — Le sous-gérant ou remplaçant prend soin, d'après les instructions de la direction, de la correspondance, et dans le cas d'empêchemements momentanés ou passagers, il remplit les fonctions du gérant ou du caissier.

§ 18. — Dans l'hypothèse d'un empêchement permanent, par exemple, en cas de démission ou de décès d'un des membres de la direction, la délégation, c'est-à-dire le Conseil de surveillance, en raison de la nécessité de pourvoir à la place vacante, arrêtera aussitôt les mesures de précaution voulues et dans l'une et l'autre supposition devra provoquer des élections supplémentaires.

Les notifications au tribunal de commerce, relatives à la nomination intérimaire des remplaçants choisis par la délégation, seront faites par une démarche collective et personnelle des remplaçants eux-mêmes, en compagnie des anciens membres restants de la direction, et au moyen de la remise d'un double exemplaire du procès-verbal des délibérations qui auront eu lieu pour la validation.

En outre, les susdits remplaçants auront, à l'égard

de la signature, à se conformer aux prescriptions du paragraphe 5 de ces statuts.

De même, la cessation des fonctions provisoires par suite de la retraite du remplaçant, et de la rentrée en charge du directeur qui se trouvait empêché, ou enfin par la prise de possession de nouveaux élus, devra être notifiée par une démarche collective que feront les directeurs auprès du tribunal.

5° Révocation des membres de la direction de leurs fonctions.

§ 19. — La direction en masse, de même que tout membre de celle-ci, pris séparément, sont en tous temps révocables de leur emploi, par décision de l'assemblée générale, sans que les personnes révoquées aient droit à une indemnisation, si ce n'est dans la mesure des conditions stipulées avec elles par la Société.

Les membres de la direction sont également tenus de se soumettre à la suspension provisoire prononcée par le Comité de délégation, sous réserve de la décision définitive de l'assemblée générale, laquelle, dans ce cas, devra être convoquée dans le plus bref délai.

6° Appointements des membres de la direction.

§ 20. — Les membres de la direction recevront le traitement qui sera fixé par le contrat passé avec eux.

II

DE LA DÉLÉGATION DES CONSEILS DE SURVEILLANCE ET D'ADMINISTRATION.

1° *Composition et élections.*

§ 21. — La DÉLÉGATION, *c'est-à-dire le Conseil de surveillance ou d'administration,* se compose de six à neuf membres choisis parmi les sociétaires, et nommés pour trois ans en assemblée générale et au scrutin de liste.

Chaque année, le tiers des membres sortant sera remplacé au moyen d'une nouvelle élection. Dans les deux premières années, c'est le tirage au sort qui décidera entre les élus de la première année ; ensuite c'est l'époque de l'entrée en charge qui servira de point de départ pour régler la durée triennale des fonctions. La réélection des mêmes personnes après l'expiration de la période assignée aux fonctions est permise.

§ 22. — En cas de démission ou de décès de l'un des membres de la délégation, l'on procédera, pour le temps qui restera encore à courir jusqu'à l'expiration des fonctions, à de nouvelles élections, conformément aux prescriptions du paragraphe 21.

2° *Fonctionnement.*

§ 23. — Le Comité de délégation confie à l'un de ses membres la présidence, à un autre la charge de secrétaire, et nomme en même temps, pour le cas d'empêchement, des remplaçants à l'un et à l'autre. Il prend ses décisions à la majorité des voix des membres présents aux séances, et ses résolutions sont exécutoires si la majorité au moins du Conseil y assiste.

§ 24. — Les séances de la délégation auront lieu dans un local spécial, soit à des époques fixées par les règlements, soit sur convocation spéciale du président, dans lequel cas sont applicables les dispositions du paragraphe 12 relatives aux séances de la direction. Les procès-verbaux des séances de la délégation, lesquels devront reproduire textuellement les décisions prises, seront signés par les membres de la délégation qui seront présents, et remis à la garde du président.

§ 25. — La direction, de même que le tiers des membres composant la délégation, pourront en tout temps réclamer auprès du président de cette dernière, par demande écrite indiquant l'objet des délibérations, la convocation en séance de la délégation, et le président sera tenu de faire droit à cette requête dans le plus bref délai.

§ 26. — La direction doit, si elle en est requise, assister aux séances de la délégation, toutefois, avec voix purement consultative; elle est tenue de fournir tous les renseignements et de donner également communication de tous les livres, ainsi que de la correspondance et de tous les papiers appartenant à la Société, suivant que la délégation le jugera utile, et celle-ci pourra encore requérir l'assistance des directeurs dans la vérification des existences en magasin.

Ce n'est que dans les cas prescrits par le présent contrat d'association, pour *les séances à tenir en commun* par les deux corps ci-dessus désignés, que la direction (Voir au paragraphe 32.) est tenue de prendre part aux délibérations.

3° *Révocation des membres de la délégation de leurs fonctions.*

§ 27. — Les membres de la délégation pourront être révoqués de leur charge par décision de l'assemblée générale : s'ils perdent la libre disposition de leurs biens ou leurs droits civils, s'ils ne remplissent pas leurs obligations vis-à-vis de la Société, s'ils en viennent à des procès avec celle-ci, enfin, s'ils se rendent à son égard coupables d'infidélités.

Le droit d'émettre des propositions à ce sujet appartient aussi bien à la direction qu'aux autres membres composant la délégation. Les propositions de cette nature peuvent même surgir du sein des simples sociétaires, à la condition toutefois d'être adressées par écrit à la délégation, avec spécification des motifs, et d'être appuyées par la signature du   au moins des membres.

4° *Obligations et pouvoirs de la délégation.*

§ 28. — La délégation est chargée de surveiller la gestion administrative de la direction et, dans ce but, elle est autorisée à inspecter à tout moment les livres et documents qui s'y rapportent, à vérifier l'état de la caisse et les existences en magasin, ainsi qu'à prendre, dans le cas où elle apercevrait des irrégularités, toutes les mesures nécessaires pour la sauvegarde des intérêts de la Société.

Elle peut provisoirement, et jusqu'à décision de l'assemblée générale qui devra être convoquée à cet effet, éloigner de l'administration des affaires les directeurs, et, en attendant, pour que celles-ci n'aient pas à souffrir d'interruption, elle avisera aux mesures nécessaires sous ce rapport par la nomination d'administrateurs remplaçants. Relativement aux notifications à faire auprès du tribunal de commerce, à la validation et à la signature de même qu'aux pouvoirs et obligations des membres nommés en remplacement, il y a lieu de maintenir dans des cas pareils les prescriptions du paragraphe 18.

§ 29. — La délégation est tenue, en outre, d'examiner les états de comptes, soit mensuels, soit trimestriels de la direction, afin de se procurer ainsi les renseignements nécessaires au sujet de la marche des affaires.

De plus, elle doit, surtout à l'occasion de l'inventaire qu'il y a lieu de dresser à la fin de chaque année, de concert avec la direction ou avec une Commission prise dans les deux corps, vérifier exactement les comptes et le bilan qu'établira la direction, comparer les écritures en question avec les livres, le solde de caisse et les existences en magasin, renseigner enfin sur tous ces points l'assemblée générale et lui soumettre les projets de répartition de bénéfices.

§ 30. — De plus, la délégation représente la *Société coopérative à l'occasion des contrats qu'il y aura lieu de passer avec les membres de la direction*, de même que dans le cas de *procès à intenter* ou à soutenir contre ces derniers. La *ratification* des pouvoirs nécessaires à cet effet aura lieu de la part de la majorité de la délégation au moyen de la production d'une copie par duplicata des décisions de l'assemblée générale et du procès-verbal relatif aux élections des membres actuels de la délégation (§§ 21 et 43).

§ 31. — La direction est tenue d'obtenir l'autorisation de la délégation dans les circonstances suivantes :

1° Pour les baux de location et tous autres contrats qui seraient de nature à constituer pour la Société des engagements à échéances périodiques, et qui n'auraient pas été réservées aux délibérations et aux décisions de l'assemblée générale ;

2° Pour le choix du chimiste de l'Association et pour les stipulations du contrat avec celui-ci ;

3° Pour l'acquisition et l'aliénation des meubles faisant partie de l'inventaire de la Société, lorsque leur prix d'achat dépasse la somme de   thalers ;

4° Pour l'organisation de la tenue des livres et la rédaction des instructions relatives aux affaires qui relèvent de l'administration de l'entrepôt ;

·5° Pour l'importation d'articles nouveaux destinés à être mis en vente ;

6° Pour les achats s'élevant à plus de
thalers pour un article ;

7° Pour le placement des soldes inactifs restés en caisse ;

8° Pour les emprunts à contracter dans les limites fixées par l'assemblée générale.

§ 32. En outre des affaires spéciales désignées dans les présents statuts, la DIRECTION et la DÉLÉGATION auront encore à se prononcer, *dans les séances qu'elles devront tenir en commun :*

1° Sur l'admission des nouveaux sociétaires ;

2° Sur l'emploi des fonds assignés par l'assemblée

générale pour être appliqués à des buts d'intérêt général, notamment pour l'enseignement.

Pour la *validité des décisions* prises en séance commune, la présence de la majorité des membres de la direction et de la délégation est indispensable. La présidence dans les réunions de ce genre est dévolue au membre qui exerce ces mêmes fonctions au sein de la délégation.

III

DE L'ASSEMBLÉE GÉNÉRALE.

1° *Droit de prendre part aux réunions.*

§ 33. Les droits qui appartiennent aux membres de la Société coopérative à l'égard des affaires de celle-ci sont exercés par eux en assemblée générale.

Chaque sociétaire a droit à *une* voix dans les décisions à prendre, et il peut de plus transmettre son droit de vote à un autre membre, avec cette restriction toutefois qu'aucun sociétaire ne pourra réunir en sa personne plus de *trois* voix.

2° *Convocation et invitation.*

§ 34. — L'initiative de *la convocation* des membres en assemblée générale appartient pour l'ordinaire à *la délégation*, cependant, si celle-ci différait de le faire, *la direction* pourrait également recourir d'elle-même à cette mesure.

L'invitation pour l'assemblée générale a lieu au moyen d'un avis inséré u   fois pour toutes dans le journal le   et signé, en la forme ordinaire, paragraphe 6, *par le président* de la délégation, si la convocation émane de celle-ci, et, en cas contraire, par les membres de la direction. Le numéro du journal en question qui contiendra ladite invitation devra paraître au moins trois jours avant la réunion.

§ 35. — L'avis de convocation devra faire connaître succinctement les propositions qui seront l'objet des délibérations et les autres matières à l'ordre du jour.

3° *Assemblées générales ordinaires.*

§ 36. — Les assemblées générales auront d'ordinaire lieu :

1° Après la clôture de l'exercice annuel, en raison tant de la communication des comptes de l'année et du bilan des opérations que des délibérations relatives au partage des bénéfices et à l'approbation des actes de la direction, et aussi en vue de régler et de ratifier certains comptes motivés par des éventualités inatendues ;

2° Dans le courant du mois de....., afin d'exposer la situation commerciale et financière, de faire droit aux réclamations, d'expédier toutes affaires quelconques relatives à la Société coopérative, et de procéder à la nouvelle élection des membres de la direction et de la délégation devant entrer en fonctions l'année suivante.

4° *Assemblées générales extraordinaires.*

§ 37. — De plus, des assemblées générales pourront toujours être convoquées en cas d'affaires urgentes, et la délégation sera tenue d'aviser aux mesures nécessaires à cet effet, du moment où la direction ou le   , des membres en feront la demande par écrit et avec indication de l'objet des délibérations.

5° *Ordre du jour.*

§ 38. — L'ordre du jour devra être réglé par la délégation, si c'est elle qui convoque l'assemblée; en cas contraire, il le sera par la direction. On y fera toutefois figurer tous les sujets de délibération qui pourront être proposés par l'un ou l'autre de ces deux organes ou par le   des membres de la Société.

6° *Direction des débats.*

§ 39. — La *direction* des débats de l'assemblée générale appartiendra soit au président de la délégation, soit à celui de la direction, suivant que la convocation émanera de l'un ou de l'autre de ces deux corps; mais elle pourra être confiée, par décision de l'assemblée générale, à tout instant et au gré de celle-ci, à un autre membre quelconque. Le président nomme le secrétaire.

7° *Mode de votation.*

§ 40. — Le vote se fait au moyen de la levée des mains; si, cependant, au président et à trois des membres le résultat paraissait douteux, on aurait alors recours au scrutin, en vue duquel des bulletins devront être émis au début de la séance et porter indication du nombre de suffrages à émettre par chaque membre.

Lorsqu'il s'agit de l'exclusion d'un sociétaire, le vote ne peut avoir lieu que par bulletin écrit.

De plus, *toute élection* par bulletin a lieu à la *ma-*

jorité absolue. Si cette majorité n'est pas obtenue au premier tour de scrutin, alors on circonscrit l'élection à ceux qui ont eu le plus de voix, en la faisant porter sur deux fois le nombre des membres qui restent encore à nommer, et l'on procédera de la sorte en restreignant le nombre des candidats jusqu'à ce qu'on soit arrivé à une majorité absolue. Dans le cas où les suffrages se balanceraient, c'est le tirage au sort qui déciderait.

8° *Délibérations.*

§ 41. — Les *decisions* prises à la majorité des membres qui auront assisté à une assemblée générale auront force obligatoire à l'égard de la Société, pourvu que l'avis de convocation ait eu lieu en temps opportun et que, par suite, l'objet à l'ordre du jour ait été porté à la connaissance du public.

§ 42. — La participation du tiers au moins de tous les sociétaires n'est indispensable que pour les décisions relatives *aux modifications* ou *additions complémentaires* qu'il y aura lieu de faire *aux présents Statuts et pour les résolutions relatives à la dissolution* de la Société coopérative. Ces décisions, en outre, ne seront valables que si les deux tiers, au moins, des assistants ont pris part au vote.

Si le tiers requis n'a pas pris part à la réunion, l'on convoquera une assemblée dans le délai minimum de huit jours ou de quatre semaines au maximum, en vue d'épuiser le précédent ordre du jour. Celle-ci décide définitivement et valablement, sans égard au nombre dés sociétaires qui auront pris part aux délibérations.

§ 43. — Les procès-verbaux dressés à l'occasion des

délibérations de l'assemblée générale et qui devront contenir sur les points essentiels le compte-rendu des opérations, notamment les décisions prises et les élections faites, en indiquant, dans ce dernier cas, le nombre de suffrages émis et leur répartition, seront, à la date où aura été tenue l'assemblée générale, inscrits sur le registre spécial des procès-verbaux et signés par le président, le secrétaire et deux des membres présents, tant de la direction que de la délégation, et seront remis à la garde de la délégation, ainsi que les exemplaires originaux des feuilles publiques renfermant les avis de convocation.

9° *Affaires soumises aux délibérations de l'assemblée générale.*

§ 44. — En dehors des matières expressément réservées en d'autres endroits de ces statuts à l'assemblée générale, les affaires suivantes devront également être soumises à ses délibérations :

1° Les modifications et les articles additionnels aux présents statuts ;

2° La dissolution et liquidation de la Société, ainsi que la déduction sur les parts sociales des pertes commerciales, même hors du cas de liquidation ;

3° L'acquisition, l'aliénation de terrains ou autres propriétés foncières et l'acceptation des charges qui pourraient les grever ;

4° L'élection et la rétribution des directeurs et des délégués ;

5° La ratification des contrats à passer avec le chef de magasin et de tous contrats avec tous employés quelconques dont les fonctions pourraient devenir nécessaires pour le service de la Société ;

6° Les poursuites à raison de demandes judiciaires à formuler contre des membres de la direction et de la délégation; au besoin, la révocation de ces membres de leurs emplois et la nomination de *fondés de pouvoirs* pour la direction des procès qui pourraient être intentés contre les membres de la délégation Ces pouvoirs seront validés au moyen d'une copie en double de la décision de l'assemblée générale intervenue à ce sujet ;

7° La décision des contestations à l'égard du sens et du contenu des présents statuts et des décisions ultérieures de la Société ;

8° Le jugement sans appel de toutes plaintes dirigées contre la gestion et les décisions des directeurs et des délégués ;

9° La fixation du chiffre maximum au-dessus duquel ne pourront s'élever dans leur totalité les emprunts à la charge de la Société ;

10° La répartition des bénéfices à la fin de l'année et la décharge de la direction à raison des actes de sa gestion;

11° L'exclusion d'un ou plusieurs membres de la Société ;

12° L'adhésion aux Ligues coopératives et la dénonciation des engagements pris à cet égard.

COMMENT S'OBTIENT ET SE PERD LA QUALITÉ DE MEMBRE DE LA SOCIÉTÉ.

§ 45. — On obtient la qualité de membre soit en apposant sa signature au bas des statuts, soit au moyen d'une déclaration d'adhésion rédigée par écrit et avec l'agrément préalable et formel des directeurs.

La personne refusée n'a d'autre recours que l'appel à l'assemblée générale.

§ 46. La qualité de membre se perd par la non-observance des engagements statutaires et en vertu d'une décision de l'assemblée générale, que la direction devra surtout provoquer lorsqu'un membre restera plus de six mois sans acquitter les quotités trimestrielles exigées pour la formation des capitaux de garantie, ou lorsqu'il se trouvera être déchu de ses droits civils. Le membre en question cessera en ce cas *de faire partie de la Société, à partir du jour* où une décision aura été prise à cet égard par la Société.

§ 47. — De plus, la qualité de membre se perd par *la mort*, mais seulement à l'expiration de l'année dans le cours de laquelle le décès a eu lieu, les héritiers restant jusqu'à cette époque forcément membres de la Société.

En dehors de ces cas, les membres ont aussi la faculté de sortir de la Société à la fin de l'exercice annuel, à la condition de notifier leur départ à la direction en temps voulu ; toutefois, cette notification devra avoir lieu au moins quatre mois avant la clôture de l'année; en cas contraire, la personne qui aura fait la notification en question ne sera relevée des obligations inhérentes à sa qualité de membre qu'à la fin de l'année qui suivra.

§ 48. — Les membres démissionnaires (§§ 46-47), de même que les héritiers d'un sociétaire décédé ne pourront réclamer que le montant de leurs parts sociales et de leurs capitaux de garantie, y compris les intérêts et dividendes de l'exercice de la dernière année écoulée; ils n'ont, au surplus, nul droit à une quote-part quelconque dans le capital de l'Association. Cette disposition est également applicable aux membres exclus, qui, toutefois, n'ont, en outre, aucun droit, pour l'année où aura eu lieu l'exclusion, aux dividendes et intérêts provenant de leurs parts sociales.

Le payement lui-même a lieu, dans ce cas-là, le troisième mois après la clôture de l'exercice de l'année durant laquelle ou avec laquelle un membre aura cessé de faire partie de la Société.

§ 49. — La Société coopérative, au cas où sa situation financière deviendrait mauvaise, ne pourra se soustraire au payement en question que par sa dissolution et sa liquidation, et le membre sortant est tenu de rester jusque-là soumis à ses engagements, en tant qu'il peut être requis de contribuer au payement des dettes de la Société, conformément aux prescriptions du paragraphe 60.

Dans tous les cas, le sociétaire en question reste encore solidairement responsable sur tous ses autres biens, et pendant les deux années qui suivent sa sortie, vis-à-vis des créanciers de la Société coopérative, pour tous les engagements contractés par celle-ci jusqu'à ladite époque, dans la mesure des prescriptions du paragraphe 13 de la loi sur les Associations coopératives.

Il n'a toutefois de ce chef aucun droit à s'immiscer dans les affaires de la Société coopérative.

DROITS ET OBLIGATIONS DES SOCIÉTAIRES.

§ 50. — Les membres de la Société coopérative sont autorisés :

1° A voter en assemblée générale pour toutes les décisions et dans toutes les élections;

2° A s'approvisionner suivant leurs besoins, à l'entrepôt sociétaire, d'engrais, de fourrages quelconques, de graines pour les semailles, toutefois dans la mesure que comporteront les existences en magasin;

3° A réclamer, dans la mesure indiquée dans les paragraphes 53 et 57, des intérêts pour leurs parts sociales et leurs capitaux de garantie, ainsi que dans la mesure prescrite par le paragraphe 69, un dividende sur les bénéfices de l'entreprise.

§ 51. — Ils sont tenus par contre, chacun en son particulier :

1° D'acquitter un droit d'entrée, lors de leur admission, conformément aux dispositions du paragraphe 59;

2° De se constituer une part sociale pour la formation d'un premier capital de l'Association, et de verser à cet effet, le jour même de leur admission, la somme de 3 thalers, et de laisser dans la caisse sociale les intérêts et dividendes auxquels ils auront droit de ce chef en vue de la réunion graduelle dudit capital (§ 52);

3° D'avancer, dans le but d'accroître le capital d'exploitation de la Société, un *capital de garantie* non remboursable pendant la durée de l'entreprise (art. 8, 56), et de payer à cet effet au moins 2 thalers chaque trimestre;

4° De ne pas agir contrairement aux dispositions

des présents statuts, ou encore contrairement aux décisions et aux intérêts de la Société coopérative;

5° De se reconnaître solidairement responsables sur tous leurs biens de l'exécution de tous engagements contractés par la Société, et en tant que le fonds social (réserve et parts sociales), n'y suffirait pas, auquel cas (§ 12 de la loi sur les groupes coopératifs) peu importe que les engagements aient surgi avant l'entrée des individus dans la Société, ou durant le temps qu'ils en ont fait partie.

PARTS SOCIALES DES MEMBRES.

§ 52. — La part sociale de chaque membre sera graduellement portée jusqu'au chiffre de 50 thalers, et pourra toutefois être encore élevée par simple décision de la Société.

La part sociale, en aucun cas, ne peut, tant qu'on fait partie du groupe, être retirée de la caisse de la Société, et le propriétaire n'en peut disposer en aucune manière. Toute cession, notamment toute mise en gage ou toute charge quelconque grevant ladite part, comme devra l'indiquer formellement le reçu à délivrer conformément au paragraphe 54, seront nulles et de nul effet à l'égard de la Société coopérative, attendu que cette somme répond avant tout des engagements de son propriétaire.

§ 53. — La part sociale donnera droit, mais seulement par chaque thaler, fraction non comprise, à un intérêt de 5 0/0 l'an qui sera prélevé sur le net des bénéfices de l'entreprise, toutes les fois que leur montant sera suffisant à cet effet, et distribuée en dividende. Cet intérêt, de même que le dividende revenant d'autre part aux sociétaires (§ 69), seront retenus par la Société pour être ajoutés à la part sociale, aussi longtemps que celle-ci n'aura pas atteint le chiffre réglementaire précédemment indiqué.

§ 54. — Il y aura lieu de tenir un livre spécial donnant le relevé effectif des parts sociales, et l'on y ouvrira à chaque membre un compte distinct où l'on inscrira les versements et les bonis, de même que les déductions qui pourraient se produire dans la suite.

Chaque année, après que les comptes de l'exercice annuel auront été approuvés, la direction délivrera, à titre de certificat, un reçu du montant de leur part sociale.

§ 55. — Les membres ne conserveront de droit au remboursement de leur part sociale que dans la mesure où le permettra le solde que présentera l'actif de l'entreprise de la Société coopérative, après déduction de toutes les dettes. Ces parts, de même que les capitaux de garantie, appartiennent, en cas de liquidation, à la masse et répondent des dettes de la Société vis-à-vis de ses créanciers. Aucun membre n'est fondé, à raison de la perte éventuellement plus considérable que pourrait subir sa part sociale, à exercer le droit de reprise contre les autres sociétaires qui, dans une circonstance de ce genre, perdraient dans une proportion moindre.

CAPITAUX DE GARANTIE DES SOCIÉTAIRES.

§ 56. — Le capital de garantie de chaque membre sera provisoirement fixé à 100 thalers, et pourra encore être élevé par simple décision de l'assemblée. Ce capital sera ou payable intégralement au moment même de l'admission ou pourra être complété par des à-compte successifs, cependant le montant trimestriel assigné à cet effet par le paragraphe 51, lettre *c*, est la quotité minimum que puisse verser un sociétaire.

De plus, dès que la part sociale d'un membre aura atteint le chiffre voulu, on retiendra les intérêts et le dividende auxquels elle donne droit, pour les ajouter au capital de garantie, jusqu'à ce que celui-ci se soit à son tour élevé au chiffre réglementaire.

§ 57. — Les *capitaux de garantie* ont le caractère légal *de prêt* fait à la Société coopérative, et lors de la création de celle-ci, de même qu'en cas de faillite, devront, à ce titre, être remboursés à leurs propriétaires tout comme ils le seraient à tous créanciers étrangers, à la condition toutefois qu'il n'y ait pas lieu à une déduction ou liquidation complète qui balance la somme pour laquelle le propriétaire de ces capitaux est tenu de contribuer au remboursement complet des créanciers.

Les capitaux de garantie rapporteront à leurs propriétaires un intérêt annuel de 5 0/0 ; toutefois, cet intérêt sera retenu jusqu'à ce que le chiffre réglementaire fixé par le paragraphe 56 ait été intégralement versé.

Le remboursement de la quote-part appartenant à un membre sur les capitaux de garantie ne pourra avoir lieu tant que son propriétaire fera partie de la Société, mais seulement après la sortie de celui-ci, et à la condition de se conformer aux prescriptions des paragraphes 48 et 49 des présents statuts De même, tant que ledit propriétaire continuera à être membre du groupe coopératif, toute disposition à l'égard des capitaux en question lui est interdite, notamment toute cession, toute mise en gage et toute application à une destination quelconque.

Les actes de cette nature seraient, au surplus, de nul effet en ce qui concerne la Société.

Les dispositions énoncées au paragraphe 54, et relatives aux écritures auxquelles donnent lieu les parts sociales et aux reçus que l'on est tenu de délivrer, sont également applicables aux capitaux de garantie.

FONDS DE RÉSERVE ET REMBOURSEMENT DES PERTES.

§ 58. — Les pertes éventuelles qui ne pourraient être couvertes par les revenus des opérations de l'année commerciale, seront déduites du montant du capital collectif de l'Association dont il est parlé paragraphe 2, alinéa *a*, c'est-à-dire du *fonds de réserve*.

On formera le fonds de réserve au moyen des droits d'entrée que verseront les nouveaux sociétaires et des prélèvements sur les bénéfices nets, conformément aux indications du paragraphe 69, puis on en élèvera graduellement le chiffre jusqu'à ce qu'il soit dans la proportion du 5 0/0 des parts sociales et des capitaux de garantie.

Dans le cas où des pertes surviendraient, on les déduirait pour ramener ensuite ces fonds au niveau antérieur.

§ 59. — Une décision de la Société fixera de temps à autre la quotité à acquitter pour droit d'entrée, celle-ci se trouvant portée jusqu'à nouvel ordre à...

Ce droit d'entrée est payable le jour même de l'admission.

§ 60. — Si le fonds de réserve ne suffisait pas à couvrir les pertes, on déduirait le montant de celles-ci des parts sociales dans la proportion du chiffre que ces dernières auront atteint, et lorsque les sommes qui en formeront le montant auront été épuisées, on comblera le déficit au moyen d'une capitation uniforme.

§ 61. — Le solde du fonds de réserve demeurera propriété de la Société coopérative jusqu'à sa dissolution, et les membres qui en sortiraient avant cette époque ne pourront, à aucun titre, formuler des réclamations sur ce point.

TRANSACTIONS A L'INTÉRIEUR DE LA SOCIÉTÉ.

§ 62. — Les approvisionnements achetés par la Société sont exclusivement destinés à faire face aux besoins de ses membres, et, par conséquent, ne pourront être vendus qu'à ceux-ci.

§ 63. — Le chef de magasin, en vertu des pleins pouvoirs de la Société, mais toujours dans les limites du contrat passé avec lui, est chargé de veiller à la conservation en bon état des marchandises, et doit prendre soin de la vente. Il n'est autorisé à réaliser lesdites marchandises qu'au comptant, sous peine de se voir sur-le-champ privé de son emploi, et il est de plus tenu de remettre au caissier, d'une façon régulière et conforme aux instructions qui lui ont été données, le montant des recettes.

SYSTÈME DE COMPTABILITÉ.

§ 64. — L'année commerciale partira du ..... pour finir le ..... et dès qu'elle sera close l'on devra :

1° Par l'intermédiaire de la délégation qui s'adjoindra les membres de la direction (§ 29), vérifier et établir le chiffre des espèces et valeurs formant le solde en caisse, reconnaître les créances actives et passives qui pourraient exister, et faire le relevé des existences en entrepôt;

2° Par l'unique intermédiaire de la direction, entreprendre le règlement de la comptabilité générale.

§ 65. — La direction sera tenue de présenter à la délégation un état complet des écritures de l'année, au plus tard dans l'espace de quatre semaines; en cas contraire, cette dernière est autorisée à le faire dresser par des tierces personnes, sous sa surveillance et aux frais des directeurs.

§ 66. — Le relevé des comptes de l'année doit comprendre :

1° Toutes les *Recettes* et toutes les *Dépenses* de l'année entière, suivant les principales subdivisions établies par la comptabilité;

2° Un compte spécial de *Profits* et *Pertes*;

3° Le *Bilan* de la situation financière à la fin de l'année.

§ 67. — Dans le *Bilan* on portera à l'*Actif* :

1° Les espèces formant le solde en caisse;

2° Les approvisionnements en magasin au cours du jour;

3° La valeur des ustensiles après déduction de ..... pour 0/0, en raison du nombre d'années;

4° Les créances qui pourraient rester dues d'après leur valeur présumable;

5° Les immeubles existants d'après leur valeur à l'époque dont il s'agira.

On inscrira par contre au *Passif* :

1° Le fonds de réserve;

2° Les parts sociales des membres;

3° Les capitaux étrangers provenant d'emprunts

de même que les capitaux de garantie des sociétaires, y compris les intérêts dus sur les uns et sur les autres;

4° Les autres dettes de la Société, notamment le montant des marchandises achetées à crédit;

5° Les frais généraux non encore liquidés.

L'excédant de l'actif sur le passif forme le bénéfice net.

§ 68. — La *vérification* des comptes a lieu par les soins de la délégation, qui devra se procurer les bases nécessaires à cet effet par l'examen des livres et des documents, comme aussi par l'inventaire qu'elle est chargée de dresser conformément au paragraphe 64, lettre *a*.

Si, à l'égard de la régularité des écritures et de leur vérification par la délégation, des doutes venaient à se produire dans l'assemblée convoquée à l'occasion de ces comptes, on pourra, en vertu d'une décision de la Société et sans que la proposition ait été préalablement portée à l'ordre du jour, nommer par voie d'élection une Commission de deux à trois membres, à qui l'on confiera la révision de la comptabilité et qui, à cet effet, exercera tous les pouvoirs conférés à la délégation pour la surveillance de l'administration, par les paragraphes 28 et 29 des présents statuts.

RÉPARTITION DES BÉNÉFICES.

§ 69. — Sur les bénéfices nets il sera attribué 5 0/0 au fonds de réserve, tant que celui-ci n'aura pas atteint le chiffre fixé dans le paragraphe 58, alinéa 2, ou lorsque, par suite de la nécessité de compenser les pertes subies dans les opérations, ce fonds sera descendu au-dessous dudit chiffre.

Sur l'excédant restant il faudra prélever, pour l'imputer aux parts sociales, les intérêts exigés par le paragraphe 53, jusqu'à concurrence du 5 0/0 des sommes réunies et dont il a été donné crédit. Sur le surplus que l'on trouvera après cette seconde retenue, une portion, ne dépassant pas toutefois 5 0/0, sera consacrée, mais seulement après décision de l'assemblée générale, à l'augmentation du fonds disponible pour des buts d'utilité publique ; le reste enfin sera réparti entre les sociétaires, proportionnellement au montant des marchandises dont ils se seront approvisionnés dans le cours de l'année écoulée par l'intermédiaire de la Société.

Quant à la retenue que fait la Société de ces intérêts et de ces dividendes, et à la manière dont ils sont portés au crédit des membres, les dispositions des paragraphe 53 et 56 restent en vigueur.

DISSOLUTION DE LA SOCIÉTÉ COOPÉRATIVE ET GARANTIE SOLIDAIRE DES MEMBRES.

§ 70. — La dissolution de la Société a lieu :

1° En vertu d'une décision de l'assemblée générale ;

2° Par suite de l'ouverture du concours des créanciers relativement à l'avoir social ;

3° Par un arrêt judiciaire, dans les cas spécifiés par le paragraphe 35 de la loi sur les Associations coopératives.

§ 71. — La déclaration de faillite relativement au capital social sera prononcée par le tribunal sur l'avis obligatoire, de la part de la direction, de la suspension des payements, mais elle n'a pas pour effet la mise en faillite des membres en ce qui concerne leurs biens particuliers.

§ 72. — Tout au contraire, les créanciers de la Société coopérative ne sont autorisés, qu'après clôture du concours relatif à la Société et après avoir prouvé la légitimité de leurs titres, à exercer leur recours contre les membres pris individuellement, en raison de la responsabilité solidaire de ces derniers à l'égard des pertes subies par les premiers. Pour obvier aux complications qui pourraient résulter de ce chef, la direction est tenue de faire les démarches nécessaires pour l'introduction de la procédure prescrite par les paragraphes 52 et suivants de la loi sur les Sociétés coopératives.

§ 73. — A la suite de la dissolution, et, sauf le cas de faillite, a lieu la liquidation, qui devra être faite par la direction, conformément aux prescriptions des paragraphes 40 et suivants de la loi sur les Sociétés coopératives du 4 juillet 1868. Toutefois, l'assemblée générale possède le droit de choisir, à la place de la direction, des tiers pour liquidateurs.

LES COMMUNICATIONS DE LA SOCIÉTÉ ET LES FEUILLES PUBLIQUES DÉSIGNÉES A CET EFFET.

§ 74. — Toutes les notifications et communications relatives aux intérêts de la Société ont lieu sous la raison commerciale qui lui est propre, et doivent être contre-signées par deux des membres au moins de la direction.

§ 75. — Les avis de convocation relatifs aux assemblées générales, toutes les fois qu'ils n'émanent pas de la direction (§ 34), seront rédigés par le président de la délégation et signés en la forme suivante :

Pour la délégation de...... (raison de commerce pour la Société), N., *président.*

§ 76. — La Société coopérative se sert pour la publicité à donner à ses communications du journal le.....

Au cas où cette feuille cesserait de paraître, la direction est autorisée, après entente préalable avec la délégation, à choisir à la place du journal ci-dessus indiqué, un autre organe de publicité, en attendant la réunion de la prochaine assemblée générale qui statuera définitivement et valablement à ce sujet.

MISE A EXÉCUTION DES STATUTS.

§ 77. — Les présents statuts deviendront exécutoires par le fait de leur acceptation en assemblée générale et de l'apposition de la signature des membres qui assisteront à la réunion. A l'égard des sociétaires absents, de même que de tous individus qui, par la suite, adhéreront à la Société, il suffira d'une déclaration d'adhésion rédigée par écrit.

CONTESTATIONS AU SUJET DES STATUTS ET DES DÉCISIONS DE LA SOCIÉTÉ.

§ 78. — Toutes les contestations sur le sens des diverses dispositions des statuts actuels et des décisions ultérieures de la Société, seront définitivement et valablement tranchées par décision de l'assemblée générale, sans qu'il soit, par contre, permis à aucun membre d'en appeler, tout recours légal étant à ce sujet absolument et particulièrement interdit.

CHAPITRE DEUXIÈME

Sociétés coopératives d'outillage agricole.

———

I

DIVERSES CATÉGORIES DE SOCIÉTÉS COOPÉRATIVES D'OUTILLAGE.

Les progrès des temps modernes dans le domaine des sciences physiques se révèlent surtout au point de vue économique, par ce fait que l'homme réussit à plier, dans une proportion qui va sans cesse grandissant, les forces de la nature à la satisfaction de ses besoins, et qu'il parvient à s'affranchir des rudes travaux manuels pour en confier l'exécution aux *machines*. C'est là un mouvement qui a non-seulement envahi d'une façon irrésistible toutes les branches de l'industrie, mais qui exerce une influence de plus en plus marquée sur la science agricole. Même dans cet ordre de l'activité sociale, on s'efforce de remplacer, par l'emploi des machines et par un outillage perfectionné, le travail de l'homme, travail trop coûteux ou dont les résultats sont incertains. On se propose d'obtenir ainsi de la terre un plus grand revenu. Les machines, ces puissants auxiliaires qui rendent toute exploitation plus profitable, acquièrent par suite aux yeux de l'agricultenr une importance considérable. Mais comme jusqu'ici, parmi les cultivateurs peu aisés, l'individu se trouve privé de ressources suffisantes pour pouvoir se procurer, dans son état d'isolement, l'outillage et les machines indispensables aux résultats qu'il a en vue, ou bien encore comme le fonds de terre qu'il possède n'est pas assez considérable pour supporter un tel placement de scn capital, l'unique moyen qui soit à sa portée, c'est de constituer des Sociétés coopératives. Aussi existe-t-il, bien que sur une échelle très restreinte encore, c'est-à-dire dans quelques provinces seulement, des Sociétés coopératives de ce genre et des Associations analogues dont l'entreprise est fondée dans le but d'acquérir pour le compte collectif des membres les machines qui pourraient être nécessaires à ceux-ci, et dans le but de les leur fournir à louage, pour s'en servir dans un temps déterminé. Ces Sociétés tiennent surtout des *machines à battre le blé* d'un mécanisme varié, mais l'on a aussi introduit d'autres outils d'un emploi général et dont le prix d'achat est parfois très modique. Ainsi, le relevé statistique de la Société d'agriculture de la Prusse rhénano signale à cet égard une Société coopérative du genre de celles dont nous parlons, comme ayant fait l'acquisition, pour les céder à louage à ses membres, en outre d'une batteuse à vapeur du prix de 3,500 thalers. de plusieurs autres machines, telles que moissonneuses, moulins à main pour le battage du blé, à des prix qui parfois n'ont pas dépassé la somme de 70 thalers, et une machine à vanner n'a même été payée que 9 thalers. On voit que ces Associations ne bornent pas leurs opérations à l'acquisition de grandes machines, dont le coût dépasse les ressources dont peuvent disposer, dans leur état d'isolement, de petits agriculteurs et surtout de simples cultivateurs. Elles les étendent, au contraire, à l'achat d'outils qui, n'étant pas d'un emploi constant dans une exploitation régulière, peuvent très bien servir à plusieurs individus, à la condition toutefois que la proximité de leurs habitations leur permette d'en profiter collectivement.

Si les machines sont de la plus grande utilité pour les progrès de la culture, les animaux de *reproduction* ne rendent pas de moindres services pour le croisement des races. Ce sont les outils servant à l'amélioration des espèces et qui permettent, en outre, de retirer un revenu constant de l'élève du bétail. L'importance de ces services, relativement à ce dernier point, n'a pas manqué d'être universellement appréciée en Allemagne. Bien que ce ne soit pas l'usage de classer les animaux parmi les outils, il est toutefois juste, dans le cas qui nous occupe, et en raison du but auquel les premiers sont destinés, de ranger parmi les Sociétés d'outillage les Sociétés coopératives qui se consacrent à l'achat, pour le compte commun, d'animaux de reproduction, ou qui donnent ces animaux à bail. La statistique déjà citée signale pour la Prusse rhénane plusieurs Associations créées dans ce but. L'une de celles-ci a fait acquisition de trois béliers pour un troupeau de 139 moutons ; une autre s'occupe exclusivement de l'importation des verrats du comté de Suffolk ; une troisième, constituée d'après les principes coopératifs, se consacre à l'élève du gros bétail; enfin, à l'extrémité nord-est de l'Allemagne, dans le cercle de Gumbin, quatre Sociétés se sont récemment formées pour l'éducation de l'espèce bovine.

Les deux catégories de Sociétés d'outillage dont nous venons de parler ne conviennent pas également à toutes les localités. Là où les habitations des populations agricoles sont clair-semées et où des distances considérables séparent les propriétaires fonciers les uns des autres, la difficulté pour les membres d'une collectivité de se servir des machines est bien plus grande que lorsqu'il s'agit d'utiliser les animaux de reproduction. Aussi les Associations coopératives qui ont en vue ce dernier genre d'opération, se forment-elles plus facilement que celles de l'autre branche de la corporation que nous venons d'indiquer.

II

LES OPÉRATIONS DES SOCIÉTÉS COOPÉRATIVES D'OUTILLAGE AU POINT DE VUE GÉNÉRAL.

Les deux catégories de Sociétés coopératives dont il a été question ci-dessus ont toutefois cela de commun que les opérations auxquelles elles se livrent sont beaucoup moins compliquées que celles de toutes les autres sortes de Sociétés coopératives; aussi doit-on chercher à simplifier autant que possible leur organisation. Le point principal auquel il convient ici d'attacher de l'importance, c'est que les groupes de ce genre n'ont besoin de réunir, pour le but qu'ils se proposent, qu'un capital réellement restreint et proportionnellement faible. Admettons, en effet, d'après l'exemple ci-dessus mentionné, qu'une de ces Sociétés coopératives ait en vue l'acquisition d'une batteuse à vapeur : la condition dont il y a lieu de se préoccuper, c'est de savoir si les propriétaires des terrains qui éprouvent le besoin de se servir de la vapeur, appartiennent à la classe des grands propriétaires ; car, dans ce cas, il ne leur sera pas plus difficile de réunir 3,500 thalers qu'à une Société coopérative de simples cultivateurs d'amasser une somme de 100 thalers pour un moulin à main destiné à la même opération. D'ordinaire, on obtiendra le capital nécessaire à l'achat de l'outillage désiré ou des animaux de reproduction demandés, en exigeant des sociétaires qu'ils aient à verser en une seule et même fois leur quote-part, sans qu'il y ait lieu de recourir à la voie de l'emprunt. Si donc, à cet effet, la Société n'a pas besoin, au début, de capitaux étrangers, elle s'en passera encore plus facilement dans la suite, car c'est par les taxes que devront naturellement acquitter ceux qui utiliseront ou loueront pour leurs besoins l'outillage ou les animaux de reproduction, que l'on pourvoira aux frais d'entretien des uns et des autres. Mais, par suite de cette circonstance même, les membres de la Société coopérative cessent d'avoir un motif de se constituer à l'état de Société basée sur la *responsabilité solidaire et formée exclusivement en vue des opérations* dont il a été question ci-dessus. Si, néanmoins, des membres persistaient à vouloir se grouper dans ce but et que, pour obtenir les avantages assurés à une collectivité de droit privé, ils consentissent à se soumettre à la loi sur les Associations coopératives, en installant un nombreux Comité de direction, par exemple de cinq ou sept membres, la possibilité que des emprunts soient contractés au nom de la Société, et que celle-ci se trouvât jetée dans des complications par suite d'engagements pris contre son gré, ferait qu'on se heurterait à de sérieuses difficultés. Mais, d'un autre côté, dans une Société coopérative d'outillage, il n'y a certainement pas un courant d'affaires suffisant pour occuper une direction aussi nombreuse. Les opérations, en effet, nécessitent l'emploi de si peu de temps et donnent si peu de peine, qu'un seul individu peut aisément y suffire, sans pour cela être notablement détourné de l'exercice de son industrie. Or, constituer uniquement pour des opérations aussi simples une Société coopérative tenue aux formalités de l'enregistrement et la soumettre à toutes les exigences de la loi du 4 juillet 1868, notamment aux prescriptions du paragraphe 3 des statuts qui devraient la régir, procéder ensuite auprès du tribunal aux notifications indispensables et faire publier régulièrement les avis prescrits par les règlements, qu'est-ce donc si ce n'est entourer d'obstacles presque insurmontables le but qu'on a en vue d'atteindre ?

III

FUSION DES SOCIÉTÉS COOPÉRATIVES D'OUTILLAGE AVEC LES SOCIÉTÉS COOPÉRATIVES POUR L'ACHAT DES MATIÈRES PREMIÈRES.

La réunion sous une seule et même administration d'une Société coopérative agricole pour l'achat des matières premières et d'une Société coopérative d'outillage (cette dernière étant considérée, dans ce cas, comme une branche de l'entreprise formée par la première), aide puissamment à surmonter les obstacles précédemment indiqués, et répond en même temps aux besoins des agriculteurs. Les raisons qui ont été objectées à l'égard de la fusion des Sociétés coopératives poursuivant des buts différents, par exemple, d'une Société d'avances avec un groupe coopératif de consommation, ne sauraient avoir ici aucune portée.

En effet, les Sociétés coopératives agricoles d'outillage demandent, quant aux connaissances spéciales qu'exige leur administration, les mêmes qualités que les Sociétés coopératives agricoles pour l'achat des matières premières. Les personnes capables de diriger ces dernières peuvent également gérer les premières. Les risques que ces deux sortes d'entreprises font courir aux Sociétés ne sont certainement pas de même nature, mais il n'y a pas, quant à l'étendue du danger, une différence si marquée que l'on ait lieu de craindre que la fusion des deux entreprises en une seule et même Société puisse devenir, en général et par suite des risques plus considérables attachés à la branche d'opérations pour laquelle tels ou tels membres se sentiraient moins portés, une cause suffisante d'éloignement. Ajoutons, enfin, qu'en raison de l'enchaînement des opérations agricoles, là où des agriculteurs peuvent fonder des espérances sur l'achat en commun d'une machine ou de telle race d'animaux, le besoin de s'approvisionner collectivement d'engrais artificiels, de graines pour les semailles et autres articles analogues, ne tarde pas à se faire sentir. Ce dernier, généralement, précède même l'autre, de sorte que la Société coopérative d'outillage paraît n'être qu'une ramification de la Société coopérative pour l'achat des matières premières.

IV

OBLIGATIONS IMPOSÉES AU PERSONNEL DES DIFFÉRENTS ORGANES DE LA SOCIÉTÉ COOPÉRATIVE D'OUTILLAGE.

Les décisions à prendre, en ce qui concerne les achats qu'il convient de faire dans l'intérêt collectif, qu'il s'agisse de machines, d'instruments aratoires ou d'animaux de reproduction, de même que les délibérations relatives aux fonds à consacrer dans ce but, devront naturellement *être réservées à l'assemblée générale*. S'il en était autrement, les intérêts particuliers de la direction et de la délégation, ou même de la direction seule, feraient, dans les débats, pencher la balance en faveur de l'achat de machines ne présentant aucune utilité à la masse des sociétaires, et dont l'acquisition n'aurait, par conséquent, d'autre résultat que de causer à l'Association des pertes. C'est à quoi répondent parfaitement les dispositions du paragraphe 44 des statuts-types.

Il est également naturel que les instructions relatives à l'usage et à l'exploitation des objets qui font partie de cette branche de l'entreprise, ainsi qu'aux droits à percevoir, soient rédigées par la direction, car c'est elle qui supporte le poids principal de la responsabilité sous le rapport de la gestion des intérêts généraux. Mais on comprendra, d'autre part, que le projet de rédaction devra à son tour être soumis à l'approbation des délégués, également appelés à prendre part aux délibérations relatives aux règlements administratifs de l'Entrepôt. Toutefois, quant à l'exécution, de la part de l'employé, des instructions qu'il aura reçues, c'est uniquement à la Direction qu'il appartient d'y veiller. C'est dans ce sens qu'ont été complétées les dispositions des paragraphes 31 et 10 des statuts-types.

V

FORMATION DU CAPITAL D'UNE SOCIÉTÉ COOPÉRATIVE D'OUTILLAGE. ÉLÉVATION DU TAUX DES PARTS SOCIALES. RÉPARTITION DES BÉNÉFICES.

Le capital nécessaire peut être réuni par deux voies différentes, c'est-à-dire ou sous la forme de *prêts* remboursables, ou sous celle d'une augmentation des parts sociales, au besoin des capitaux de garantie.

Ce dernier système mérite positivement la préférence, notamment si l'entreprise a pour objet l'achat des *machines*.

En effet, les conditions dans lesquelles a lieu l'exploitation des machines par une Société coopérative d'outillage ne permettent qu'un *amortissement* graduel du capital consacré à leur acquisition. Si l'on se trouvait exposé à des remboursements dudit capital contre un avis accompagné d'un délai n'excédant pas trois mois, ce retrait, à lui seul, serait suffisant pour réduire le fonds de la Société, déjà relativement restreint, au point que celle-ci se verrait dans la nécessité de revendre son stock de machines avec une perte peut-être grande, peut-être petite, mais en tous cas inévitable. Suppose-t-on qu'une telle vente ne laissât pas de pertes, les suites en seraient tout aussi graves, car il n'en faudrait pas moins renoncer à poursuivre le but que l'on s'était proposé. C'est là un inconvénient qu'il faut éviter à tout prix. Une Société coopérative d'outillage, réduite à réaliser son matériel d'outils et de machines, est frappée de mort.

Au demeurant, la création d'un capital *non remboursable* pour cette branche de transaction est rien moins que difficile, celui-ci devant, comme nous l'avons vu précédemment, être relativement faible. Il reste toutefois une question à élucider, celle de savoir si ce capital sera réuni en portant à un chiffre élevé les parts sociales, ou en formant d'autres parts sociales d'une nature particulière, ou en augmentant les cotisations qui servent à la création des capitaux de garantie. Pour éclaircir ce point, il convient d'exposer les règles fondamentales qui président à la répartition des bénéfices dans une Société coopérative d'outillage.

Si, pour la Société d'achat de matières premières, la nécessité d'un écoulement aussi rapide que possible de la marchandise est une considération qui exige que les dividendes soient distribués en raison des achats faits dans le magasin coopératif, les choses doivent se passer bien différemment en ce qui concerne les Sociétés coopératives d'outillage. Ici encore, il est sans doute avantageux à la Société qu'on ait fréquemment recours à l'emploi de ses machines, mais à la condition qu'elle se trouvera assurée d'en retirer un fort revenu sous forme de loyer, ou, s'il s'agit d'animaux de reproduction, sous forme d'argent de monte. Or, lorsque les machines servent beaucoup, l'usure à laquelle elles sont sujettes s'accroît dans la proportion même où elles sont employées, et pour les animaux de reproduction, on ne saurait, sans s'exposer à des pertes, en tirer parti au-delà de certaines limites, d'où il suit qu'il n'est nullement de l'intérêt de l'Association de pousser dans cette voie, surtout par la participation aux bénéfices. Vouloir distribuer aux sociétaires des dividendes en raison des loyers et de l'argent payé par les éducateurs de bestiaux, ce serait accorder à ceux qui ont joui du principal avantage résultant de l'emploi des outils et des animaux, et qui, par suite, ont le plus contribué à la détérioration des premiers et au dépérissement des seconds, une prime d'autant plus élevée qu'ils auraient eu plus de part à ces deux causes de dépréciation. Un pareil principe adopté dans la répartition des bénéfices serait évidemment contraire à l'équité.

Une réflexion de nature à frapper notre attention, c'est que le capital engagé par suite de l'achat de machines ou d'animaux de reproduction est bien amortissable peu à peu, mais qu'en attendant que cet amortissement ait lieu, il est exposé à des éventualités de plus d'une sorte, car les machines peuvent être endommagées, les animaux peuvent périr. Les risques, dans un placement de ce genre, sont donc toujours plus considérables que lorsqu'il s'agit de Sociétés coopératives de matières premières. Là, le capital d'exploitation, à raison des fluctuations dans les prix, peut bien être parfois légèrement entamé; mais d'autres fois, par suite de la hausse dans le cours des marchandises, il se trouve ramené au niveau précédent. Or, en ce qui a trait à la participation des bénéfices, le système le plus équitable est celui où elle aura lieu dans la mesure des risques qu'on aura courus. Ce sont là des considérations qui légitiment, à l'égard des Sociétés coopératives d'outillage, l'ap-

plication, dans la répartition des dividendes, *d·*
principe généralement en vigueur dans les Sociétés
de crédit et d'avances où cette distribution est pro-
portionnée au chiffre des parts sociales. Celui qui, au
moyen d'une quote-part considérable, a contribué au
capital d'une Société coopérative d'outillage et qui se
trouve soumis aux risques que ce capital court, est
certes fondé en droit à prendre part, dans la même
proportion, aux bénéflces.

De ces observations il résulte, en premier lieu,
que si la Société coopérative d'outillage, conformément au plan que nous proposons, se fusionne avec
la Société de matières premières, il sera nécessaire
de dresser un compte séparé des bénéflces pour
chaque branche de l'entreprise commune, afln de
pouvoir appliquer à l'égard de chacune d'elles les
véritables principes qui régissent la répartition des
dividendes. Mais, cela fait, toutes les difficultés ne
sont pourtant pas levées. Si, au surplus, la formation
des parts sociales avait lieu, sans qu'il y fût apporté
de changement, de la manière préconisée dans les
statuts-types relatifs aux Sociétés coopératives agricoles pour l'achat des matières premières, paragraphe 51 (Voir page 57), la répartition des bénéflces qui concernent la Société d'outillage faite
d'après le chiffre des parts sociales, équivaudrait
alors à la répartition de ces mêmes bénéflces, d'après
le chiffre des achats d'articles de matières premières
opérées par les sociétaires durant la précédente année. Car, dans cette hypothèse, les parts sociales seraient en grande partie formées au moyen des dividendes provenant des bénéfices qu'aurait donnés
l'entreprise des matières premières. Les personnes

qui participeraient à cette dernière entreprise seraient alors, en raison même de leur participation et de son degré d'activité, indirectement forcées de s'associer, dans une mesure correspondante, aux risques de l'autre branche d'opérations, ce qui, peut-être, si elles n'avaient que rarement l'occasion de recourir à la Société d'outillage, ne cadrerait pas avec leurs vues.

Pour éviter cet inconvénient, le plus court serait d'établir, en ce qui concerne la Société coopérative d'outillage, en même temps qu'un compte spécial de bénéfices, des parts sociales d'une nature spéciale et qui, en réalité, à l'égard des tiers, c'est-à-dire des créanciers du groupe, se trouveraient exposées aux mêmes risques que les parts sociales ordinaires, mais, quant aux rapports intérieurs, ne courraient que les risques résultant des seules opérations de la Société d'outillage, sans en avoir à subir d'autres de quelque genre que ce fût. Au cas donc où, par suite d'opérations malheureuses, la Société de matières premières viendrait à se trouver en faillite, les créanciers des deux groupes fusionnés auraient effectivement droit de se payer sur *toutes les parts sociales* sans distinction; mais les propriétaires de parts sociales considérables dans l'entreprise coopérative d'outillage, si, lors du règlement cette branche de l'entreprise commune ne présentait que peu de pertes ou même aucune, proportionnellement à celles subies par l'autre branche, c'est-à-dire par la Société d'achats de matières premières, auraient droit de reprise à l'égard des sociétaires qui, en raison de parts moins considérables dans l'entreprise d'outillage, n'auraient eu à contribuer au remboursement des pertes que pour une somme plus faible.

Mais, quelque régulière que puisse, par suite, être la manière d'établir cette double catégorie de parts sociales au point de vue de l'équité, il n'en est pas moins évident que l'organisation dans son ensemble devra conséquemment être plus compliquée qu'il ne convient, en vérité, à des Sociétés coopératives agricoles, si l'on veut qu'elles soient facilement abordables et qu'elles se propagent dans les cercles que l'on avait en vue en formant des institutions de ce genre.

Comme conséquence des observations précédemment faites par nous que le capital nécessaire aux Sociétés coopératives d'outillage, ou autres groupes, a souvent été réuni en une seule fois par voie de souscription générale des adhérents, ce qui aujourd'hui encore serait praticable dans le plus grand nombre des cas, nous croyons devoir recommander de préférence le système qui consiste à accroître la part sociale de chaque membre du montant de la quotité que donnerait un partage égal et par tête du capital de la Société coopérative d'outillage, et de plus à exiger le payement comptant de ladite augmentation le jour même de l'admission. Si donc nous fixions, suivant le conseil que nous en donnerions, pour une Société coopérative agricole de matières premières le chiffre réglementaire de la part sociale à 50 thalers, avec un à-compte de 3 thalers, payable au moment même de l'admission, il nous semble que, pour une Société tout à la fois d'achats de matières premières et d'outillage, en supposant qu'elle fût composée de 40 membres et qu'elle se proposât d'acquérir une machine à battre le blé au prix de 200 thalers, il conviendrait de porter le montant de chaque part sociale à 55 thalers, avec un premier versement de 8 thalers, soit

3 thalers pour le compte de la Société d'achats de matières premières, et 5 thalers comme quote-part porportionnelle et intégrale dans la Société d'outillage. Les chiffres de ces versements sont ceux que, dans le but de donner un exemple de la marche à suivre, nous avons posés comme bases des paragraphes 51, lettre *b*, et 52 des statuts-types qui forment l'appendice à ces pages-ci. Si l'on avait lieu de s'attendre à une augmentation du nombre des sociétaires, on pourrait considérer comme suffisante pour la Société d'outillage un prorata de 4 ou même 3 thalers, puisque, dans ce système, la plus grande partie du capital qu'on aurait réuni ne pourrait être retiré, du moins dans les commencements.

Le mode de répartition des bénéfices résulte ici du système même employé pour la formation du capital. Comme les parts sociales sont pour tous les sociétaires, sans distinction, élevées à un même chiffre, la répartition des bénéfices donnés par cette branche de l'entreprise commune et, le cas échéant, celle des pertes, auront également lieu par tête, tous les membres contribuant, au besoin, dans la même proportion au remboursement des dettes, à moins qu'elles n'aient été déjà compensées par l'amortissement qui a lieu pour les machines, etc. Cette combinaison simplifie considérablement la comptabilité.

Sans doute, par le fait de cette simplification, l'on ne tiendra aucun compte particulier des sociétaires qui chercheraient à s'intéresser le moins possible dans la branche d'opérations relatives à la Société d'outillage. Toutefois, les désirs de cette minorité, comme il ne s'agit, après tout, que d'une faible somme, ne méritent pas qu'on s'y arrête au point de renoncer aux avantages de la combinaison en question. Mais ceux qui s'intéresseraient très vivement au succès de cette branche de l'entreprise, seraient bien plus sûrs d'y arriver au moyen d'une exploitation bien entendue des machines de l'Association, etc., que si, par suite d'un chiffre élevé des parts sociales, il leur était permis de prétendre à un plus fort dividende.

Par cette raison, il est nécessaire de maintenir le principe d'une participation égale de tous les sociétaires des deux branches de l'entreprise, aux opération de la Société coopérative d'outillage.

Nous croyons avoir, par les explications qui précèdent, suffisamment motivé les modifications que contiennent les statuts-types que l'on trouvera à la suite de ce premier chapitre. (Voir §§ 51, 52, 53, 58, 59, 66, 67 et 69)

VI

TRANSACTIONS INTÉRIEURES.

Il saute aux yeux que les prescriptions relatives aux transactions qui se passent au sein même du groupe, paragraphes 62 et 63, doivent également subir des modifications, à raison de la plus grande variété des opérations faites par la Société coopérative d'outillage. Aussi, devait-on forcément être amené à se demander si, pour l'entretien des machines, pour les soins à donner aux animaux de race, il convenait de désigner un employé spécial ou de s'en remettre à la surveillance d'un des membres de la direction ou du chef de magasin. Or, les sociétaires étant appelés, par le fait même du besoin où ils sont de se procurer les matières brutes de leur industrie ou des articles qui s'y rattachent, à avoir de fréquentes relations avec le magasin sociétaire, la mesure qui paraît la plus convenable, c'est de joindre à celui-ci l'entrepôt des machines, et de confier l'administration de l'une et de l'autre au chef de magasin. Ce n'est qu'au cas où, par suite du développement des affaires de la Société coopérative d'outillage, le nombre des animaux servant au croisement augmenterait considérablement, et où les soins à donner à ceux-ci amèneraient le chef de magasin à consacrer plus de temps que ne comportent les autres devoirs de sa charge s'il veut les remplir consciencieusement, que la nomination d'un surveillant spécial pour le bétail deviendrait nécessaire. Au surplus, en réunissant les deux entrepôts sous la direction unique du chef de magasin, on faciliterait aux directeurs leur tâche administrative, car le caissier surtout n'aurait de comptes à régler qu'avec un seul employé. Il va sans dire que cette fusion ne doit pas avoir pour effet de faire qu'on confonde, en ce qui concerne la tenue des livres du chef de magasin, les deux branches de l'entreprise, loin de là, il faut prendre le plus grand soin de les maintenir séparées, autrement il serait impossible d'établir un compte spécial des bénéfices pour chacune de ces deux Sociétés.

Le taux à acquitter pour l'usage que l'on fera des machines, taux qui est destiné au payement des déboursés, ne saurait être réglé par la voie de dispositions statutaires, mais uniquement d'après les instructions que donneront, sous le rapport de la gestion des affaires, la direction et la délégation.

Ces instructions pourront, du reste, être facilement modifiées d'après les leçons de l'expérience.

Le meilleur expédient, à cet égard, c'est de se placer aux divers points de vue dont il faut se préoccuper dans l'évaluation des dépenses. Le chiffre demandé pour celle-ci devra être assez élevé, si l'on veut 1° se trouver à même de parer à tous les frais d'administration de cette branche de l'entreprise, 2° retirer un tant pour cent proportionné à l'usure, et destiné à l'amortissement de la somme qu'aura coûté l'article fourni par la Société; enfin, obtenir un bénéfice qui devra être d'autant plus fort que les risques encourus pour l'acquisition dudit article seront plus grands. Naturellement, les frais d'administration varieront beaucoup, selon qu'il s'agira de machines ou d'animaux de reproduction. Dans les frais relatifs à ces derniers, il faudra avant tout assurer au chef de magasin une somme considérable pour des fonctions administratives aussi pénibles que les siennes. Les soins à donner aux animaux destinés pour l'élève du bétail exigent un travail plus soutenu et demandent plus de temps qu'il n'en faut pour l'entretien d'une machine. Ajoutez encore les frais courants pour l'achat des fourrages. Ils ne sont certes pas d'une médiocre importance, lorsqu'il s'agit d'évaluer les dépenses auxquelles donne lieu une exploitation du genre de celle dont nous parlons.

VII

SOCIÉTÉS COOPÉRATIVES D'OUTILLAGE INDÉPENDANTES, C'EST-A-DIRE NON FUSIONNÉES ET NON INSCRITES SUR LE REGISTRE DES ASSOCIATIONS COOPÉRATIVES.

Nous avons, dans les pages précédentes, montré que la Société coopérative d'outillage n'était, en ce qui concerne son organisation, qu'une branche spéciale de la Société coopérative pour l'achat des matières premières, et nous avons exposé, en outre, les motifs qui conduisent à une fusion de l'une et de l'autre.

Ce n'est pas, néanmoins, une raison de s'opposer, dans tous les cas, à la formation de Sociétés d'outillage indépendantes, notamment de celles qui ont pour but de tenir des animaux de reproduction.

S'il est vrai, en effet, que là où une Société coopérative d'outillage est à même de rendre de grands services aux agriculteurs, une Société pour l'achat des matières premières pourvoirait à des besoins bien plus urgents pour ceux-ci; il faut reconnaître toutefois que, dans beaucoup de localités rurales, les agriculteurs, en partie par suite d'une instruction insuffisante, en partie par aversion pour toute innovation, ne peuvent, de prime abord, comprendre l'utilité de la Société coopérative de matières premières, ou manquent de la capacité indispensable pour organiser et administrer cette dernière. Si donc on mettait les cultivateurs dans la nécessité de s'approvisionner en certaine façon dans des magasins communs, tout à la fois à la Société de matières premières et à celle d'outillage réunies, ils renonceraient plutôt à toutes les deux. Ils sont, en réalité, plus aptes à saisir l'importance des avantages que leur présentent, au point de vue de l'amélioration de leur bétail, l'élève pour compte collectif des animaux de race.

Aussi se sentent-ils portés de préférence vers cette forme de coopération, pour peu qu'on leur indique une voie aussi simple que possible d'arriver à l'association. Non-seulement les dispositions d'esprit des individus mêmes qui ont besoin de ces institutions, mais le petit nombre en outre de membres que comportent ces Sociétés, ainsi que la simplicité des opérations auxquelles elles se livrent et que nous avons expliquées ci-dessus, justifient la nécessité d'une simplification correspondante dans leur organisation.

On devra donc s'abstenir, pour ces Sociétés, de l'enregistrement officiel auquel les Associations coopératives se soumettent, et l'on se gardera également de se conformer à cette formalité dans les pays où, en dehors des groupes coopératifs, la loi autorise, comme aujourd'hui encore en Bavière, des « Sociétés enregistrées à responsabilité limitée. » Déjà, rien que la nécessité d'un échange de lettres plus soutenu avec le tribunal, qui serait le résultat d'une mesure de cette nature, éloignerait un grand nombre d'adhérents, et il deviendrait surtout difficile d'obtenir le concours des individus aptes à l'administration. Nous avons, par ces raisons et par exception à la règle, d'ailleurs observée par nous dans la rédaction de ce livre, de ne traiter que des « Sociétés coopératives enregistrées, » ajouté dans l'appendice les statuts d'une Société coopérative pour l'élève des bêtes à cornes. Celle-ci doit être exclusivement organisée en conformité des prescriptions de droit commun généralement en vigueur en Prusse, c'est-à-dire comme « une simple Société autorisée ».

On trouvera aussi un modèle du contrat à passer avec l'éleveur du bétail en question. Nous nous sommes conformés, sur les points essentiels de sa rédaction, aux projets émis à cet égard par M. Bueck, secrétaire général de l'Union centrale agricole de la Lithuanie et de la Masovie. Que l'on ait choisi, dans le cas qui nous occupe, une Société coopérative pour l'élève du gros bétail, cela n'influe nullement sur les dispositions les plus importantes des statuts. Ceux-ci ne seraient l'objet d'aucune modification réelle si, au lieu de la reproduction des bêtes à cornes, il s'agissait, pour la Société, du croisement de l'espèce porcine ou de tout autre animal. Le contrat avec l'éleveur de bêtes à cornes, si nous laissons de côté les mesures qui ont trait à la position de droit commun de l'un des contractants, c'est-à-dire de la Société coopérative non enregistrée, offre même à une Société coopérative enregistrée une base qui mérite d'être appréciée.

Nous n'avons pas besoin, au point de vue de leur application générale, de justifier les dispositions spéciales des statuts contenus dans l'annexe n° 2, seulement nous devons faire ressortir avec soin un avantage que ces statuts présentent à l'égard des précédents.

Si, par supposition, les personnes qui ont réuni le capital nécessaire pour l'achat des animaux de reproduction ne sont pas, en partie du moins, les personnes mêmes qui se servent desdits animaux pour l'amélioration de la race de leur bétail, ce sera alors ces dernières personnes qui retireront, même quand le dividende distribué sur ce capital serait porté à 7 0/0 ou plus haut encore, le principal avantage que puisse offrir la formation de ce genre de Société coopérative. Cet avantage sera d'autant plus considérable que le nombre des animaux femelles dont ils auront eu besoin sera plus élevé. Que ces sociétaires se trouvent ainsi privilégiés, c'est inévitable, si l'on admet nos projets de fusion entre les Sociétés pour l'achat des matières premières et celles d'outillage. On est toutefois parvenu à échapper à cet inconvénient dans les statuts qui figurent à l'annexe n° 2 du présent chapitre. Là, le capital indispensable n'est pas indiqué comme ayant été réuni par les sociétaires par voie de capitation égale pour tous, mais il est formé d'après le nombre d'animaux femelles que l'on demandera à la Société (§ 2). Le remboursement des frais généraux devra, par conséquent, avoir lieu sur cette base (§ 3). De cette façon, la participation aux risques est réglée, d'après la participation aux avantages qu'on retire de l'association. Nous disons à dessein *avantages* et non *bénéfices*, car il ne s'agit pas ici d'obtenir un bénéfice sous forme de dividende en espèces. Au surplus, il n'y a pas lieu de s'en préoccuper.

Le principe relatif à la création du capital, tel qu'il est exposé dans le paragraphe 2 de l'annexe n° 2, serait également applicable aux machines, attendu qu'on pourrait très bien prendre pour base et pour mesure de la participation des différents membres aux prix d'achat des machines, *la superficie carrée* du sol pour la culture duquel les machines devront être employées.

VIII

SYSTÈME DE COMPTABILITÉ ET TENUE DES LIVRES.

Quelques remarques suffiront relativement à la comptabilité et à la tenue des livres dont on doit faire usage dans les Sociétés coopératives d'outillage. S'il y a fusion de ces Sociétés avec celles pour l'achat des matières premières, il faudra naturellement prendre pour point de départ la tenue des livres adoptée chez ces dernières, en lui donnant le développement que comporte la nouvelle branche de l'entreprise. Pour les Sociétés coopératives qui se servent de la tenue des livres en partie double en usage dans le commerce, et qui, à cet effet, ont recours au Traité de G. Oppermann (page 83) ou à toute autre méthode analogue, nous n'avons à leur donner ici aucun conseil spécial, d'autant que, même sans cela, par suite de la connaissance de la matière, ils trouveront les combinaisons appropriées au but.

Mais les Sociétés coopératives qui appliqueront le système de Tenue des livres exposé pages 132 à 178 et 227 à 248 (1re partie), avec les modifications indiquées pages 177 et 178, devront leur donner des développements tels que la Société coopérative d'outillage apparaisse d'un bout à l'autre des écritures comme une branche particulière de l'entreprise, et qu'il ne puisse y avoir rien de nature à compliquer le compte des bénéfices, qui devra être tenu séparément. Dans ce but, au journal-caisse, folio des *recettes* (page 229, 1re partie), à l'endroit le plus adapté, c'est-à-dire au compte D, dont l'entête « Intérêts pour marchandises

prises à crédit, » disparaît, l'on intercalera, en le dési-
gnant par une lettre alphabétique, un nouveau
compte qui se partagera en deux sections : 1° Machines
et outillage, et 2° taxes dues pour l'emploi des machines, de l'outillage, etc. De même, au journal-
caisse, folio des débours (page 230, 1re partie), on
établira à l'endroit convenable ce même compte, dont
la deuxième section ne devra porter comme entête
que les mots : « Frais d'entretien des machines, de
l'outillage, etc. » Lorsqu'il s'agira non de machines
ou d'autres articles analogues, mais que l'objet de
cette branche de l'entreprise commune sera de fournir les animaux pour l'élève du bétail, l'entête du
compte devra le faire connaître. Le compte « Frais
d'entretien » sera divisé en deux sections afin d'obtenir séparément, d'une part, les débours relatifs à
l'acquisition des machines, lesquels doivent être con-
sidérés comme un placement de capital, et, de l'autre,
les dépenses nécessitées par l'entretien desdites machines, ces dépenses ayant, pour cette branche de
l'entreprise commune, le caractère de frais courants.
L'on distinguera également de la même manière et
avec le plus grand soin les recettes provenant de la
vente des vieilles machines, ce qui constitue une
rentrée du capital engagé dans les opérations des
recettes fournies par l'exploitation des machines, et
qui forment le montant du revenu brut de cette branche de l'entreprise. Sous cette rubrique : « Frais d'entretien, » l'on passera tout naturellement aussi écritures de la quote-part que les machines, etc., doivent
acquitter sur le prix du loyer, à raison de l'espace
occupé par elles dans le local de l'établissement. De
même que pour le journal-caisse, et cela se com-

prend sans peine, on ouvrira au grand-livre pour ces derniers un compte spécial, en prenant comme modèle le Formulaire n° 3, pages 232 et 233 (1re partie), mais avec deux subdivisions. Dans la première de ces sections, de la même façon qu'on peut le voir à l'endroit indiqué du compte d'inventaire, l'on passera les recettes du journal-caisse sur le folio du crédit et les dépenses dudit journal sur le folio du débit de ce compte; car chaque achat de machines, d'outils ou d'animaux de reproduction, constitue un débours pour la caisse de la Société, mais pour le compte des machines, c'est une entrée qui doit être portée à son actif, puisque cela augmente d'autant son effectif. Dans le cas où la machine achetée n'aurait pas été payée ou qu'on n'eût versé qu'un à-compte, il faudra en inscrire le montant, en totalité, au débit du compte correspondant du grand-livre du moment où elle sera prête à fonctionner. Si le payement vient ensuite à avoir lieu, il faudra, sur le compte du grand-livre, en faire la remarque dans la colonne des « observations, » avec renvoi au numéro du journal-caisse. La deuxième section du compte, « machines, » qui portera comme entête le plus convenable les mots : « Revenu et frais du compte-machines, » sera disposée de la manière indiquée dans le Formulaire n° 3, pages 236 et 237 (1re partie). L'on y passera exactement, en ayant soin d'en faire autant au journal-caisse, sous la rubrique correspondante : les recettes au folio du débit, auquel on pourra même donner le titre de « Revenus, » et les débours au folio du crédit, avec cette indication : « Frais généraux. » En déduisant les « frais » du montant des « revenus, » on obtiendra le « net » des bénéfices, duquel il faudra, toutefois, soustraire encore le prorata alloué au chef de magasin et au caissier pour la branche d'outillage, de même que le tant pour cent d'amortissement, et ces deux articles devront être portés au folio du débit de la première section de ce compte. Alors, l'on aura définitivement le bénéfice net, qui, ainsi que nous l'avons proposé précédemment, devra être réparti par tête, c'est-à-dire également, entre tous les sociétaires. La tenue des livres du chef de magasin comporte un agrandissement du « *Formulaire pour le livre des quittances délivrées par le caissier*, pages 244 et 245 (1re partie). Les colonnes 4, 5 et 6 du Formulaire n° 13 en seront retranchées, et il y faudra intercaler notamment, après la colonne : « Nature des marchandises, » une colonne avec la mention : « Sommes remises par le chef de magasin et provenant des taxes payées pour l'emploi des machines, outils, instruments, « au. besoin » pour les animaux de reproduction.» Un relevé sommaire sera dressé, d'après ces écritures, des sommes ainsi remises au caissier, et on en portera ensuite le montant au journal-caisse et au grand-livre de la manière précédemment indiquée.

Les Sociétés coopératives d'outillage indépendantes, c'est-à-dire non fusionnées, parmi lesquelles celles pour l'élevage du bétail, attirent de préférence notre attention, peuvent se contenter d'une tenue des livres des plus simples.

Le « caissier », qui remplit dans ces Sociétés en même temps les fonctions de président, devra tenir les livres dont suit l'énumération :

1° Le journal-caisse par recettes et débours, conformément au Formulaire n° 14, pages 246 et 247 (1re partie);

2° Le grand-livre, renfermant trois comptes :

a. Compte pour le bétail destiné à l'élève, d'après le Formulaire n° 3, pages 232 et 233 (1re partie) ;

b. Compte des parts sociales ;

c. Compte des frais généraux.

L'éleveur ne devra tenir qu'un simple *carnet de notes* sur lequel il inscrira par ordre de numéros et au fur et à mesure des demandes, les femelles pour la monte, et ensuite celles qui auront déjà été saillies.

L'application qu'il y a lieu de faire des trois comptes du grand-livre exige à peine quelques autres éclaircissements. Sur le compte des animaux pour l'élève du bétail, le prix d'achat par tête de bétail figure au folio du débit, et le prix de vente, si la vente a lieu, au folio du crédit. La différence que l'on trouvera par chaque tête de bétail entre le prix d'achat et le prix de vente devra être déduite, comme perte, du compte des parts sociales, et répartie entre les divers comptes spéciaux des sociétaires, au prorata de leurs parts (§ 2), ou bien ceux-ci devront, par des versements au comptant et d'après une répartition établie sur la même base, contribuer au payement de cette différence, dont il faudra, dans ce dernier cas, porter le montant au compte des frais généraux pour balance. Au compte des parts sociales, il est ouvert à chaque membre un compte spécial qui présente au folio du débit les versements faits au comptant pour le payement desdites parts, et au folio du crédit les déductions par suite de pertes ou les remboursements effectifs en cas de dissolution de la Société. Le compte de frais généraux offre enfin au débit l'énumération des taxes perçues pour les animaux destinés à l'élève du bétail, et au folio du crédit l'indemnité allouée à l'éleveur et tous les autres frais quelconques, par exemple, ceux relatifs aux soins donnés par le vétérinaire. Le règlement des comptes pour l'établissement du bilan se déduit de soi-même.

APPENDICE DU DEUXIÈME CHAPITRE

ANNEXE N° 1.

Statuts ou contrat d'association d'une Société agricole pour l'achat des matières premières ou d'outillage, à........., Société coopérative enregistrée.

RAISON SOCIALE, SIÉGE ET OBJET DE L'ENTREPRISE

§ 1. — Les soussignés ont formé entre eux une Société coopérative agricole de matières premières et d'outillage, sous la raison commerciale la........., Société coopérative enregistrée conformément à la loi de l'Empire du 4 juillet 1868 (1re partie, pages 15 et suivantes).

L'objet de l'entreprise est l'achat, pour le compte collectif des membres, des matières premières, outillage, ustensiles, machines, etc., nécessaires à l'exploitation agricole.

Ladite Société a son siège à.....................

(A l'égard des paragraphes 2 à 9, nous renvoyons le lecteur aux mêmes paragraphes des statuts relatifs à une Société coopérative agricole pour l'achat des matières premières, voir pages 37 et 38).

§ 10. — La direction est tenue d'administrer les

affaires de la Société d'une manière régulière et conforme aux statuts ; elle doit surtout veiller à l'établissement d'une comptabilité complète et exacte, faire dresser à chaque fin d'année le bilan d'après les prescriptions du Code général de commerce pour l'Allemagne et du paragraphe 26 de la loi sur les Sociétés coopératives ; enfin, prendre soin des documents existants et pourvoir à la sûreté des fonds en caisse.

En outre, la direction décide au sujet de tous approvisionnements de marchandises, de même que de toutes ventes d'articles, sauf sur les points où elle est formellement tenue par les présents statuts d'obtenir l'autorisation de la délégation de l'assemblée générale ; elle veille également à ce que le chef de magasin prenne les mesures nécessaires pour la conservation en bon état des approvisionnements destinés à la vente, et pour l'entretien des outils, machines, etc., à donner à louage aux membres.

(A l'égard des paragraphes 11 à 30, nous renvoyons à ces mêmes paragraphes, pages 40 à 47.)

§ 31. — Pour les affaires ci-après, la direction devra obtenir l'autorisation de la délégation.

Consultez, à la page 191, le paragraphe 34 à partir de la lettre *a* jusqu'à *c* (1re partie) ;

d. Pour l'établissement de la tenue des livres et la rédaction des instructions à suivre dans les transactions et dans l'administration des affaires relatives au magasin d'approvisionnements et à l'entretien des machines, etc ;

e. Pour l'introduction des marchandises nouvelles destinées à la vente et importées pour le compte de la Société coopérative de matières premières ;

f. Pour les achats de matières premières dépassant pour un seul article le chiffre de....

g. Pour le placement des capitaux oisifs restés en caisse ;

h. Pour les emprunts à faire dans les limites tracées par l'assemblée générale.

(A l'égard des paragraphes 32 à 43, nous renvoyons le lecteur aux mêmes paragraphes, pages 48 à 52.)

En outre des objets formellement réservés dans d'autres endroits de ces statuts, les affaires ci-après énoncées restent soumises aux décisions de l'assemblée générale.

(N⁰ˢ 1 à 9. Voir page 53, § 44, les numéros 1 à 9.)

N° 10. — L'acquisition de machines et d'ustensiles destinés à être donnés à louage aux sociétaires, de même que leur aliénation.

(N⁰ˢ 11 à 13. Voir page 54, § 44, les numéros 10 à 12.)

(A l'égard des paragraphes 45-49, nous renvoyons à ces mêmes paragraphes, page 54 à 56.)

§ 50. — Les membres de ladite Société coopérative *sont autorisés :*

1° A voter en assemblée générale dans toutes les résolutions prises par la Société et dans toutes les élections ;

2° A pourvoir, sur les approvisionnements de la Société coopérative et dans la mesure où ceux-ci pourront y suffire, à tous leurs besoins, soit d'engrais artificiels, soit de fourrages et de graines pour les semailles ;

3° A faire usage, par voie de louage, chacun à son tour, tel que cela résultera de la date successive de leurs demandes, des outils, machines, etc., nécessaires à leur exploitation, que pourra fournir la Société ;

4° A réclamer, dans la mesure des dispositions du paragraphe 57, des intérêts pour leurs capitaux de garantie, de même que dans la mesure des prescriptions réglementaires des paragraphes 53 et 69 des intérêts sur leurs parts sociales et un dividende sur les bénéfices réalisés par l'entreprise.

§ 51. — Les membres sont tenus, par contre :

1° De payer un droit d'entrée lors de leur réception dans l'Association, conformément aux dispositions du paragraphe 59 ;

2° De se créer, pour la formation d'un capital de fondation, une *part sociale*, et, à cet effet, de verser, au moment même de l'admission, une somme de 8 thalers, et de laisser, en outre, dans ce but, s'accumuler les intérêts et dividendes auxquels ils pourraient prétendre (§ 52). Voir p. 58.

§ 52. — La *part sociale* de chaque membre sera graduellement portée jusqu'au chiffre de 55 thalers. Celui-ci, par une simple décision de l'assemblée, pourra même être élevé davantage.

(Le deuxième alinéa est maintenu sans changement, c'est-à-dire tel qu'il est rédigé, page 58.)

§ 53. — Il sera accordé *à chaque part sociale*, en raison du nombre des thalers qu'elle contiendra, toutefois en excluant les fractions, et, de plus, après qu'on aura porté en déduction la quote-part à laquelle a droit l'entreprise d'outillage, un intérêt annuel de 5 0/0 au plus, en remplacement du dividende, et par prélèvement sur le revenu net que donneront à la Société les opérations de *l'entreprise de matières premières*, pourvu que ce revenu soit suffisant pour cela ; les bénéfices nets que la Société retirera de *l'entreprise des machines et outillage* seront par contre intégralement et également distribués entre les sociétaires. Cet intérêt, de même que tous les dividendes auxquels (§ 69) les membres auront droit, seront retenus par la Société et ajoutés à la part sociale, tant qu'elle n'aura pas atteint le chiffre réglementaire.

(A l'égard des paragraphes 54 à 57, nous renvoyons aux mêmes paragraphes, pages 59-60.)

§ 58. — Les pertes qui pourraient survenir devront être remboursées aux dépens de la branche d'affaires dont elles proviennent.

Les pertes qui concernent la Société coopérative de matières premières, et qui ne pourront être couvertes par les revenus que donneront les opérations de cette branche pour l'exercice même de l'année, seront déduites du capital collectif appartenant à la Société et dont il est fait mention au paragraphe 2, page 37.

On formera le fonds de réserve au moyen des droits d'entrée que les membres auront à acquitter et des quotités fixées par le paragraphe 69, et qui devront être prélevées sur les bénéfices nets. Cette réserve devra, sous retenue du capital réclamé par l'entreprise d'outillage et de machines, être graduellement augmentée jusqu'à concurrence du 5 0/0 des parts sociales et des capitaux de garantie, et après déduction des pertes, s'il y en a, devra être ramenée au chiffre précédemment atteint.

Les pertes provenant de l'entreprise d'outillage et de machines seront réparties par tête entre les membres et soustraites du montant de leurs quotités sociales.

§ 59. — Si le *fonds de réserve* ne suffit pas pour le payement des pertes subies par la Société de matières premières, on retranchera préalablement des parts sociales le prorata de celles-ci qui concerne l'entreprise d'outillage et de machines, puis sur le solde desdites parts on déduira les pertes en question jusqu'à concurrence du montant total de ces parts sociales, et, ce montant absorbé, les membres auront à contribuer au payement du déficit, tous dans la même mesure, c'est-à-dire par tête.

(A l'égard des paragraphes 60 et 61, nous renvoyons aux paragraphes 61 et 59, pages 61-62.)

§ 62. — Les approvisionnements résultant des achats de matières premières et autres articles sont exclusivement destinés à pourvoir aux besoins des membres de la Société, et, par conséquent, ne pourront être vendus qu'à ces derniers. De même, les machines et l'outillage achetés en vue de les donner à louage aux membres de l'Association pour les besoins de leur exploitation agricole, ne pourront être loués qu'à ceux-ci.

§ 63. — Le *chef de magasin* est dans l'obligation, en vertu des pouvoirs qu'il tient de la Société et conformément au contrat intervenu entre lui et celle-ci :

a. De veiller à ce que les approvisionnements appartenant au groupe coopératif d'achats de matières premières soient gardés et conservés en bon état; de se charger d'en opérer la vente aux sociétaires, mais seulement au comptant, sous peine d'être immédiatement relevé de ses fonctions;

b. De veiller également à ce que les pièces ou machines appartenant au groupe coopératif d'outillage soient gardées et constamment entretenues en bon état ; de se charger d'en effectuer la location aux membres de la Société, mais seulement contre payement au comptant des taxes fixées à cet égard, et sous peine d'être révoqué sur-le-champ de ses fonctions ;

c. De tenir un registre séparé des recettes et dépenses provenant des deux branches d'opération, et de remettre le montant des sommes reçues d'une façon régulière entre les mains du caissier.

(A l'égard des paragraphes 64 et 65, nous renvoyons aux mêmes paragraphes, page 62-63.)

§ 66. — Le relevé des comptes de l'année doit contenir :

1° Toutes les recettes et les dépenses de l'exercice courant, conformément aux principaux comptes dans lesquels sera divisée la tenue des livres ;

2° Un décompte spécial des bénéfices et des pertes pour chacune des branches de l'entreprise commune de la Société ;

3° Le bilan de la situation financière de l'Association à la fin de l'année.

§ 67. — Dans le *Bilan*, on portera à l'actif :

1° Le solde des espèces en caisse ;

2° Les existences en articles de matières premières qui se trouveront dans le magasin de cette branche de l'entreprise, en ayant soin de les évaluer aux cours du jour ;

3° La valeur des différentes pièces appartenant à l'entrepôt des machines, sous déduction de tant pour cent à raison du nombre d'années ;

4° La valeur des ustensiles, sous retenue de ..... pour cent, également en raison du nombre d'années ;

5° Les créances actives de la Société qui seraient à recouvrer, d'après leur valeur présumée;

6° Les immeubles, s'il en existe, aux cours des valeurs immobilières de l'année.

Par contre, l'on fera figurer au passif... (la suite est ici conforme à la suite du paragraphe 67, pages 63 et 64, à partir des mots ci-dessus).

(A l'égard du paragraphe 68, nous renvoyons au paragraphe 68, page 64.)

§ 69. — Sur les *bénéfices nets* de la Société coopérative de *matières premières*, on prélève d'abord, pour le *fonds de réserve*, tant que celui-ci n'a pas atteint le chiffre fixé par l'alinéa deux du paragraphe 58, ou lorsque, par suite du remboursement des pertes provenant des opérations de l'entreprise d'achats de matières premières, il se trouve être descendu au-dessous dudit chiffre, le 5 0/0.

Sur l'excédant que pourront présenter alors les opérations de la Société de matières premières, il faudra accorder jusqu'à 5 0/0 des sommes amassées, et dont il aura été donné crédit pour les intérêts attribués par le paragraphe 53 aux parts sociales.

S'il reste à ce moment un surplus quelconque, une partie, n'excédant pas toutefois 5 0/0, sera allouée, mais après décision de l'assemblée générale, pour le fonds disponible consacré à des buts d'utilité publique, et le dernier solde sera réparti entre les membres, à titre de dividende, dans la proportion des marchandises dont ils se seront approvisionnés durant l'année écoulée, par l'intermédiaire de la Société.

Sur le produit net des opérations de l'entreprise d'outillage et de machines, on déduira pour l'amortissement du prix d'achat des pièces appartenant à cette branche des transactions de la Société tant pour cent de leur valeur. La somme qui restera alors sera répartie, d'une manière égale, à titre de dividende, entre tous les membres.

Les prescriptions des paragraphes 53 et 56, relatives à la retenue et à l'imputation des dividende sont, ici, également applicables.

(A l'égard des paragraphes 70 à 78, nous renvoyons à ces mêmes paragraphes, pages 65 à 67.)

ANNEXE N° 2

STATUTS A L'USAGE D'UNE SOCIÉTÉ COOPÉRATIVE POUR L'ÉLÈVE DU BÉTAIL A CORNES, SOCIÉTÉ NON INSCRITE AU REGISTRE DES ASSOCIATIONS COOPÉRATIVES.

§ 1. — Les soussignés se sont réunis à l'effet de former une Société qui a pour but l'achat et l'élève des taureaux de race pure.

§ 2. — Les fonds pour l'acquisition des taureaux seront versés comptant par les coopérateurs, en raison du nombre de génisses qu'ils réclameront pour faire saillir, et le montant de ces fonds devront être remis, dans les huit jours qui suivront l'invitation adressée par la Direction, entre les mains de son président.

§ 3. — Les frais généraux qui seraient motivés par l'entretien des taureaux, au cas où ces dépenses ne pourraient pas, conformément au contrat passé avec l'éleveur, être couvertes par l'argent de la monte, devront être remboursées sur la même base que précédemment, par les sociétaires.

§ 4 La décision souveraine à l'égard de tous les intérêts de la Société appartient à l'assemblée générale. Cette décision est exécutoire, si la convocation a eu lieu au moins   jours à l'avance, par le   , et si la moitié au moins des sociétaires assitait à la réunion.

Ce n'est que pour les délibérations relatives à la dissolution de la Société que la présence des deux tiers des coopérateurs est indispensable. L'assemblée décide à la simple majorité des voix.

L'assemblée générale devra être convoquée par le président, dans un délai de huit jours, du moment ou *un cinquième* des membres le demandera par écrit.

§ 5. L'assemblée générale est appelée particulièrement à se prononcer sur les affaires suivantes :

1° Sur l'élection des directeurs ;

2° Sur la nomination des personnes qui devront être chargées de l'achat des taureaux ;

3° Sur l'approbation à donner au bail à passer avec l'éleveur ;

4° Sur l'admission et l'exclusion de divers membres ;

5° Sur la vente des taureaux ;

6° Sur les modifications aux statuts ;

7° Sur la dissolution de la Société coopérative.

§ 6. La direction se compose :

1° Du président ;

2° De deux assesseurs.

Leur élection a lieu par scrutin séparé : un pour la nomination du président, l'autre pour celle des assesseurs. La durée de ces charges est d'un an.

§ 7. La direction représente la Société vis-à-vis des

tiers, notamment dans la conclusion du contrat avec l'éleveur. Elle prend soin, en outre, de faire exécuter les statuts et les décisions de la Société coopérative.

Le président reçoit les propositions et les plaintes des coopérateurs. Il convoque les réunions des directeurs et les assemblées générales, et dirige les débats dans les unes et les autres, nommant en outre le secrétaire pour chaque séance.

Dans le cas où le président différerait indûment la convocation de l'assemblée générale, les assesseurs sont également autorisés à recourir à cette mesure. L'assesseur le plus âgé, qui du reste a mission de représenter le directeur, présidera alors ladite assemblée.

Le président est chargé de la caisse de la Société, et sa gestion est soumise à la surveillance permanente des assesseurs.

§ 8. Chacun des trois membres de la direction est autorisé, même isolément, au nom et avec les pleins pouvoirs de la Société coopérative, à intenter des actions judiciaires, à se porter partie et en général à diriger toute procédure, pouvant, à cet égard, conclure des compromis, prêter serment et déférer au serment; il est également autorisé à accepter les jugements prononcés ou à interjeter appel, ainsi qu'à recourir à tous les moyens légaux d'opposition judiciaire, de même qu'à se désister des poursuites, enfin, à commettre en son lieu et place un mandataire pour toutes lesdites affaires.

La procuration donnée à la direction ne s'étend pas jusqu'à permettre à celle-ci de contracter des emprunts pouvant avoir des effets légaux et obligatoires de la part de la Société.

§ 9. **Les coopérateurs** prennent les engagements suivants :

1° De signaler annuellement le nombre de taures qui, dans le courant de l'année, auront été conduites au mâle, et, dans le cas où le signalement ne se serait pas étendu à toutes les vaches et génisses demandées pour l'élève par le coopérateur, avoir soin d'écrire exactement celles qui auront été signalées;

2° Acquitter ponctuellement les sommes dues conformément aux paragraphes 2 et 3.

§ 10. Par contre, les coopérateurs ont le droit d'exiger que la monte ait lieu d'après le rang qu'occupera la demande faite par eux à la Société.

§ 11. L'exclusion d'un membre de la Société aura lieu lorsqu'un sociétaire faute de payer les taxes auxquelles il est tenu, laissera pousser les choses jusqu'à une action judiciaire contre lui.

§ 12. Avant la dissolution de la Société, les membres qui se seront retirés ou qui auront été exclus n'auront aucune espèce de droit à l'égard du capital de la Société coopérative, pas plus qu'au remboursement partiel ou intégral des payements effectués par eux en vertu des paragraphes 2 et 3.

Après la dissolution de la Société coopérative, la répartition du capital de celle-ci a lieu entre les membres conformément aux dispositions du paragraphe 2.

ANNEXE N° 3.

CONTRAT D'UNE SOCIÉTÉ COOPÉRATIVE POUR L'ÉLÈVE DES TAUREAUX, A N. N., AVEC L'ÉLEVEUR.

Entre la Société coopérative pour l'élève des taureaux, de ladite localité, représentée par les directeurs soussignés, d'une part, et M. X..., co-signataire, en qualité d'éleveur pour le compte de la Société, d'autre part, et en vertu de l'autorisation accordée par l'assemblée générale, il a été conclu le contrat suivant :

§ 1er. M. X... s'engage à fournir pour les taureaux destinés pour l'élève, et appartenant à ladite Société coopérative, les étables nécessaires, à prendre desdits bestiaux tous les soins voulus, à les tenir dans un parfait état de propreté ; il s'engage également à leur donner une nourriture abondante et réparatrice, de manière à ce qu'ils soient complétement et constamment à même de répondre au but que l'on a en vue, à les engraisser par de bons fourrages, de manière à ce qu'ils puissent en tout temps être vendus au boucher.

§ 2. M. X... s'engage, à raison de sa qualité d'éleveur, à payer à la caisse de la Société une amende de 10 thalers, qui devra être versée entre les mains du président, pour le cas où il laisserait couvrir des vaches et des génisses autres que celles désignées et inscrites sur la liste que doit tenir l'éleveur. Ces animaux, par ce motif, porteront une marque sur les cornes. Il ne devra les laisser saillir que suivant le rang qu'elles occupent sur la liste des demandes. Il s'engage, en outre, à payer la même amende, s'il a été fait usage du taureau plus de deux fois dans la même journée ou après le coucher du soleil.

§ 3. — M. X... s'engage à dresser une liste des génisses qui auront été conduites au mâle et couvertes, liste que la direction pourra consulter en tout temps.

§ 4. — M. X... s'engage à porter à la connaissance des directeurs les changements défavorables qui surviendront dans l'état du bétail dès qu'il s'en apercevra, et à se procurer l'assistance du vétérinaire dans les cas de maladies soudaines et dangereuses, sans même en référer.

§ 5. — La direction collectivement, de même qu'en son particulier chaque membre de celle-ci, sont autorisés à s'informer en tout temps de l'état du bétail, et à se renseigner sur le point de savoir si l'éleveur remplit les engagements par lui contractés. Si l'éleveur se rendait coupable de négligence dans l'accomplissement de ses devoirs, la direction est en droit, sans que le premier puisse réclamer aucune indemnité, de résilier sur-le-champ le présent contrat, et de confier à d'autres le soin des taureaux.

§ 6. — A titre d'indemnité pour toutes les obligations contractées en vertu du présent contrat et pour toutes les peines qu'il est tenu de prendre, M. X... reçoit, par chaque génisse appartenant à l'Association et inscrite sur la liste, qu'elle ait été couverte ou non, comme argent de monte, une somme de.... gros d'argent, laquelle sera perçue par le président et remise à l'éleveur.

§ 7. — Les deux parties contractantes sont libres, dans le délai d'un mois, à partir du huitième jour de la notification, de résilier le présent contrat.

CHAPITRE III

Associations coopératives pour la production agricole et le commerce des denrées alimentaires.

Nous n'avons pas eu connaissance jusqu'à ce jour, en Allemagne, de Société coopérative ayant pour but de substituer à l'exploitation individuelle l'exploitation à profits et à risques communs de toutes ces parties, ou d'une branche spéciale de l'agriculture. On ne saurait toutefois nier la possibilité et, en beaucoup de cas, l'utilité de ces Associations de production. La preuve en est dans les Associations de cultivateurs existant depuis longtemps déjà dans plusieurs contrées de l'Allemagne, et dont l'objet est le commerce collectif des produits du sol recueillis par chacun des membres, associations qui sont au fond des Sociétés de coopération commerciale.

A cette catégorie appartiennent surtout les Associations coopératives vinicoles, qui achètent à leurs sociétaires les produits de leurs vignobles et se chargent des soins et des démarches qu'entraîne la vente directe faite aux consommateurs, c'est-à-dire sans passer par l'intermédiaire des négociants en vins, mettant ainsi les membres de leurs Associations à même de profiter de bénéfices qui, sans cela, reviendraient aux marchands de vins en gros.

Mais comme les Sociétés vinicoles, en raison des soins qu'exigent les vins, ne peuvent éviter de soumettre ceux-ci à diverses modifications, qu'elles sont même dans la nécessité de veiller au remplissage des fûts, et pour les crus inférieurs, de les couper avec des qualités supérieures; en un mot, qu'elles se chargent de faire subir au produit en question toutes les manipulations compatibles avec la loyauté des transactions, ces Sociétés ne sauraient être considérées comme de simples entreprises commerciales, mais elles paraissent se rapprocher plutôt des *établissements coopératifs de production*, dès que l'on prend ce dernier mot dans une acception un peu large.

Cette remarque s'applique avec encore plus de justesse aux *crèmeries coopératives*. Ces établissements, fondés en ces derniers temps dans plusieurs villes des provinces de l'est de la Prusse, n'avaient, au début, qu'un seul objet, la vente du *lait frais* que les sociétaires leur fournissaient. Tant que les opérations se sont bornées à cela, il était juste de ranger les entreprises de cette nature au nombre des Sociétés coopératives de commerce.

Mais comme, d'autre part, il arrivait que la quantité de lait ainsi consignée ne pouvait toujours être complétement vendue, ces établissements ont été amenés à entreprendre la fabrication des fromages et du beurre sur une vaste échelle. Sous ce rapport, elles prennent donc part aux opérations qui se trouvent être du ressort de l'industrie agricole, et elles doivent, en conséquence, être classées parmi les Sociétés coopératives de production. Le fait que ces groupes, s'écartant de la marche suivie par la plupart des Sociétés coopératives industrielles, ont pour condition préliminaire l'exploitation d'une industrie agricole individuelle, des produits de laquelle la Société coopérative est chargée de tirer le parti le plus avantageux, n'altère pas plus leur caractère de Société coopérative de production que le fait d'avoir, dans la répartition des bénéfices, des bases différentes de celles que nous avons exposées en détail dans le premier chapitre de cette division-ci de l'ouvrage. Nous démontrerons plus tard que le mode de répartition des bénéfices que nous croyons devoir conseiller à ces Associations ne justifie nullement le titre de « Magasins coopératifs » qu'on leur a attribué dans les provinces Est de la Prusse.

Lorsque ces Associations entreprennent la fabrication du fromage et du beurre, non pas d'une façon subsidiaire et comme but secondaire, mais comme étant l'objet principal de leur entreprise, elles prennent alors le nom de *fromageries coopératives*. On en compte des centaines en Suisse, où elles ont puissamment contribué à la prospérité de cette branche d'industrie, mais en Allemagne, à part quelques cas isolés, à Allgau et dans les provinces rhénanes, leurs produits nous sont restés inconnus, et elles n'ont pas trouvé d'imitateurs. Naturellement, les Sociétés dites « fromageries coopératives » qui, par leur organisation, paraissent avoir servi de modèle, sous plus d'un rapport, aux laiteries coopératives dont nous venons de parler, appartiennent, à plus juste titre encore, aux Sociétés coopératives de production.

Dans les autres branches de l'industrie agricole, il n'existe jusqu'ici en Allemagne, à notre connaissance, aucun essai d'autre genre en fait de coopération productive, mais, même en nous bornant aux combinaisons signalées, le développement des institutions coopératives, dans cette direction, peut fournir une base importante, aussi bien pour l'agriculture, surtout en ce qui concerne l'accroissement du bien-être des petits vignerons et des cultivateurs, que pour l'amélioration des conditions auxquelles s'approvisionnent les consommateurs.

Les vignerons profitent de ce mouvement, car ils retirent de meilleurs prix de leurs vins que s'ils les vendaient aux négociants, qui savent à merveille tirer parti des embarras d'argent des producteurs. Les *laiteries coopératives*, à leur tour et d'une manière analogue, assurent à leurs sociétaires un placement, tant du lait que des produits qu'on en retire, bien autrement avantageux que si chacun des membres de l'Association devait se rendre lui-même au marché. Les consommateurs, de leur côté, ont également de meilleures raisons pour compter que le lait qu'on leur livrera ne sera ni coupé, ni sophistiqué. C'est là un avantage capital, surtout pour les conditions sanitaires des grandes villes où la sophistication du lait est poussée fort loin. En ce qui concerne ensuite la fabrication des fromages, c'est ici le cas de ne pas perdre de vue que c'est précisément dans les endroits où l'on peut disposer de quantités plus considérables de lait que l'on fabrique les plus belles qualités de fromage.

1

OBJET DE L'ENTREPRISE

De ces diverses remarques préliminaires il résulte évidemment que pour les Sociétés dont nous devons traiter ici, l'objet de l'entreprise ne saurait être indiqué dans les statuts-types avec une précision telle que cette indication puisse convenir à toutes. Impossible de l'énoncer comme il l'a été à la page 308, paragraphe 2 (1ᵉ partie), lorsque nous avons parlé des Sociétés coopératives de production, car les Sociétés coopératives de production dont il s'agit ici ne présentent pas toutes ce caractère de la même façon. Le paragraphe 1ᵉʳ des statuts-types qui font suite à ce chapitre devra, lorsqu'il y aura lieu de faire l'application des dispositions qu'il contient aux différents cas spéciaux, être plus ou moins modifié dans sa rédaction.

De cette première rédaction dépendra celle du paragraphe 60, nᵒˢ 2 et 3, lorsque, dans de certains cas, l'on tiendra, pour plus de précision, à désigner d'une façon plus détaillée les produits bruts et les matières premières fournis par l'industrie agricole.

Il conviendra de même, au lieu de la dénomination générale de « chef de magasin, » d'employer, pour les Sociétés vinicoles, celle de « sommelier; » pour les établissements coopératifs de laitages, de « laitier-majordome; » enfin, pour les fromageries coopératives, celle de « fromager. »

II

ORGANES DE LA SOCIÉTÉ COOPÉRATIVE

a. *La Direction.*

A la différence de ce qui se passe pour beaucoup de Sociétés coopératives du domaine industriel, on doit, lorsqu'il s'agit de Sociétés coopératives agricoles, généralement admettre que le nombre des individus appelés à les former sera assez considérable pour établir un Comité de direction composé de trois membres et pour installer, à côté de ce Comité, une délégation. C'est pour cette raison que, dans les statuts-types de l'Appendice, nous conseillons la formation d'un Comité de direction de trois membres, dont les fonctions seraient distribuées d'une façon analogue aux dispositions que nous avons recommandées pour les Sociétés coopératives dont le but est l'achat des matières premières nécessaires aux opérations de la culture. Les motifs qui, à cet égard, ont été exposés à la page 8 et aux suivantes et qui portent à exclure du Comité de direction le chef de magasin, et à faire de ses fonctions une charge spéciale, sont également et à bien plus forte raison applicables dans le cas qui nous occupe. La nécessité, en effet, d'exercer une surveillance rigoureuse à l'égard du chef de magasin et la nécessité d'être à même, si des irrégularités venaient à se produire, de l'éloigner de son emploi, est ici bien plus présente encore. Or, s'il faisait partie du personnel de la direction et si, à ce titre, il était autorisé à signer pour la Société, il conviendrait de prendre vis-à-vis de lui les plus grandes précautions, d'autant, surtout si les membres de la délégation habitaient dans la campagne à des distances considérables les uns des autres, qu'il serait impossible d'arrêter, avec toute la rapidité qu'exigeraient les intérêts de la Société, les mesures de sécurité voulues; en tout cas, ce serait bien autrement difficile que s'il s'agissait d'un fonctionnaire subordonné à la direction.

Dans les Sociétés coopératives pour la vente du lait ou des fromages, il arrivera souvent que le chef de magasin ne sera pas l'unique employé, mais seulement le plus haut placé. Dans le cas, en effet, où l'entreprise prendrait un grand développement, l'on sera dans la nécessité d'avoir encore d'autres gens pour le service, hommes ou femmes, et il faudra les considérer également comme faisant partie du personnel occupant des emplois dans la Société.

La durée des fonctions des directeurs est fixée, par les statuts-types, à une année seulement, et, après l'expiration de cette période, le soin de déterminer cette durée devra être tout particulièrement réservé aux décisions ultérieures de la Société. Il faut évidemment, puisqu'il s'agit d'une branche aussi récente de la coopération, attendre les résultats de l'expérience avant d'établir, entre la direction et la Société, des engagements pour un laps de temps plus long, ou avant d'introduire le système des élections pour une période fixée à l'avance, ce qui revient, dans la pratique, à prolonger de plusieurs années la période des fonctions.

b. *La Délégation.*

En général, l'on donne à la délégation, ainsi que l'exigent les prescriptions de la loi sur les Sociétés coopératives, les attributions d'un pouvoir contrôlant, placé à côté de la direction ; aussi, les réflexions que nous avons eu lieu d'émettre, page 83 (1re partie), au sujet de cette institution de contrôle, sont-elles également appropriées au cas qui nous occupe. Mais, comme dans les Sociétés coopératives qui, en dehors des directeurs, emploient encore d'autres fonctionnaires et qui, c'est là un point qu'il faut toujours avoir présent à l'esprit, surtout quand il s'agit d'entreprises du genre des crèmeries et fromageries coopératives, doivent faire régner dans leurs établissements une propreté extrême, et apporter, dans les détails relatifs au fonctionnement de leurs industries, les soins les plus minutieux, il est indispensable que la surveillance soit des plus sévères, on a disposé, en conséquence, dans les statuts-types que deux des membres de la délégation devront être désignés comme contrôleurs permanents. L'un de ceux-ci sera chargé de l'examen des écritures, sous le nom de réviseur des comptes, et l'autre, en qualité de vérificateur, de la partie technique de l'exploitation. Par suite de cette mesure, lors même que la majorité de la délégation, à raison de l'exploitation agricole à laquelle ses membres se livrent, pour la plupart, pour leur propre compte, ne réussirait pas à exercer un contrôle constant sur les détails de l'administration, l'on n'en obtiendrait pas moins ce résultat que ladite majorité, par l'intermédiaire des contrôleurs en question, serait au courant de ces détails et s'assurerait ainsi une influence réelle sur la marche des affaires.

On a, par cette disposition, mis en conséquence la délégation à même d'exercer une plus grande influence sur la marche administrative, attendu qu'en traitant, page 1, des Sociétés coopératives agricoles pour l'achat des matières premières, il a été proposé de conférer aux Comités de la direction et de la délégation, réunies en séances communes où la dernière, à raison du plus grand nombre de ses membres, exerce une action prépondérante à l'égard de la première, plusieurs attributions de la plus haute importance. (Voir la page 83, 1ʳᵉ partie.) Toutefois, pour d'autres mesures administratives auxquelles est attachée, dans certains cas, une responsabilité plus lourde encore, les délibérations et les décisions en ont été réservées à la direction, qui n'est tenue qu'à demander l'approbation de la délégation.

Les mêmes motifs qui ont fait limiter, pour les commencements, la durée des fonctions des directeurs à une seule année, font que celles de la délégation ne sauraient être étendues au-delà de deux ans.

c. *L'Assemblée générale.*

En dépit des obstacles qui s'opposent pour les agriculteurs à la convocation des assemblées générales trimestrielles et qui nous ont décidé à proposer, pages 14-15, par rapport aux Sociétés coopératives agricoles dont le but est l'achat des matières premières de leur industrie, que ces réunions générales fussent tenues tous les six mois, nous n'en sommes pas moins revenu, dans les statuts-types qui font suite à ce chapitre, aux assemblées trimestrielles.

Ces Sociétés, en raison de la nouveauté que présentent leurs combinaisons, et, par suite, du peu d'expérience qu'on a au sujet de leur fonctionnement, exigent qu'il y ait un fréquent échange de vues entre leurs membres, même en ce qui concerne les questions d'administration, si l'on veut pouvoir surmonter les difficultés inhérentes aux entreprises de cette nature. Le fait qu'aussi bien la Société coopérative agricole de Kœnisberg que la laiterie coopérative d'Insterbourg ont établi des réunions trimestrielles, et que la Société vinicole de Mayschoss est allée jusqu'à tenir des assemblées générales mensuelles, prouve que les premières de ces sortes de convocations sont possibles même pour des agriculteurs, à la condition toutefois que la défense de leurs intérêts rende nécessaire d'aussi fréquentes conférences de la part des membres.

Attendu l'importance des questions que les membres de ces Sociétés sont appelés à trancher, contrairement à ce qui a été proposé à l'égard des Sociétés coopératives agricoles de matières premières, pages 208 et suivantes, la transmission du droit de vote à d'autres sociétaires est ici interdite. C'est là, certes, une condition quelque peu sévère pour les membres qui habitent à une certaine distance du siège social, mais il est impossible d'en tenir compte en présence de la considération autrement grave de la réussite de l'entreprise, qui exige le concours actif et personnel de tous les membres dans toutes les affaires du groupe.

III

LA QUALITÉ DE SOCIÉTAIRE

a. Admission.

Il ne saurait vraiment être question, pour les groupes dont il s'agit ici, d'un travail en commun des sociétaires dans un même atelier.

Les membres de ces Associations retirent chacun, par leur industrie privée, de leurs champs et de leur sol, les matières brutes ou les produits que la Société coopérative formée par eux a précisément pour but de mettre en plus grande valeur. Il ne saurait donc exister entre ces sociétaires des liens aussi étroits que ceux qui unissent les groupes coopératifs du domaine de l'industrie pure. Cependant il faut, dans tous les cas, qu'ils puissent assez compter les uns sur les autres pour être certains que ni les uns ni les autres ne se permettront d'ajouter aux articles qu'ils consignent à la Société des mélanges qui, d'une façon quelconque, soient nuisibles ou qui aient pour résultat évident de surhausser les prix, car l'effet de ces manœuvres est d'altérer complétement le produit, ou lorsque les clients arrivent à s'en apercevoir, de faire perdre à l'établissement la bonne renommée dont il jouissait.

Une confiance réciproque dans l'honorabilité des membres et des relations quelque peu intimes sont donc indispensables, même pour la prospérité des Sociétés coopératives agricoles, tant commerciales que de production. C'est, par conséquent, une excellente mesure que celle qui, dans les statuts-types, fait dépendre l'admission, parmi les membres de la Société, de l'assentiment de l'assemblée générale qui, en pareille circonstance, décide à la majorité des deux tiers des sociétaires présents à la réunion.

Une circonstance milite encore en faveur de ce système d'admission, c'est que la Société, par le fait même de l'admission, contracte, en ce qui la concerne, l'engagement immédiat de prendre soin de la mise en valeur des produits du nouvel adhérent, pourvu que ceux-ci répondent au but de l'entreprise.

L'on sera donc, en cette conjecture, exposé à devoir peut-être se procurer sans retard de nouveaux ustensiles, ou bien encore l'on sera dans la nécessité de procéder à une organisation particulière des travaux, ou enfin il faudra trouver de suite un emplacement considérable dans l'établissement.

. L'assemblée générale, lorsqu'elle sera appelée à se prononcer sur la question de l'admission, devra également tenir compte de ces inconvénients et fixer au besoin les droits d'entrée en conséquence.

b. *Délais de notification pour la sortie et droit de sortie.*

Les Sociétés vinicoles, aussi bien que les laiteries coopératives et les autres groupes de même genre, ont besoin, pour le fonctionnement de leur industrie, de caves ou celliers d'une étendue considérable, qui doivent en outre être disposés et aménagés d'une façon spéciale, en raison de la nature des travaux et manipulations. Ces Sociétés se trouvent donc, lorsqu'elles ne sont pas en position d'acheter immédiatement un local, dans la nécessité de passer des contrats de location les engageant pour une série d'années. C'est là une circonstance qui, naturellement, exige la supposition que la Société coopérative dont il s'agira pourra continuer à donner à ses affaires, pour le même laps de temps ou pour une période qui s'en éloignera peu, l'importance que comporte le local qu'elle aura pris à bail. Elle n'aura de certitude complète à cet égard qu'autant qu'elle interdira, sous forme de disposition générale, à ses membres la sortie de l'Association pendant le temps que dureront les contrats en question. Mais, comme la loi sur les Sociétés coopératives s'oppose à cette mesure, l'on a alors fixé, dans les statuts-types, entre l'avis de sortie et le jour où elle s'effectuera, un délai d'au moins une année, délai que l'on pourra encore prolonger, suivant la nature des rapports spéciaux à chacune de ces Sociétés.

Un autre expédient, mais qui, cette fois, n'est pas défendu par la loi sur les Sociétés coopératives et qui permettrait d'obvier au préjudice que pourrait causer à la Société la sortie prématurée des sociétaires qui se retireraient avant l'expiration du contrat passé pour la location, consisterait à exiger, par voie de retenues, un droit de sortie proportionnel à la quote-part que ces membres auraient eu à acquitter jusqu'à l'époque où cesse le bail. Ce droit serait prélevé sur les parts sociales. Toutefois, une mesure de ce genre pourra paraître à plus d'un membre rigoureuse jusqu'à l'injustice, aussi ne saurait-on en recommander l'application que sur une échelle très restreinte.

IV

PARTS SOCIALES. — DIVIDENDES. — FONDS DE RÉSERVE

a. *Parts sociales.*

Le chiffre réglementaire des parts sociales, pour les Sociétés qui appartiennent à la catégorie dont nous traitons, ne saurait en aucune façon être évalué sur un pied d'égalité parfaite. Ce chiffre dépendra, au contraire, du besoin plus ou moins grand de capitaux qu'exigera l'entreprise, et, par conséquent, en supposant que toutes les autres conditions restent les mêmes, de la question de savoir si la Société coopérative dont il s'agira :

. 1° Sera tenue de payer à ses sociétaires le montant des marchandises que ceux-ci lui remettront avant que ces produits aient été vendus, soit tels qu'elle les aura reçus, soit après avoir subi les manipulations indispensables ;

2° Ou bien si elle ne devra payer lesdites marchandises qu'après qu'elles auront été réalisées et qu'elle en aura touché le montant.

En outre, le besoin d'ustensiles et d'autres objets qui, par leur nature, font partie de l'inventaire de la Société, ne sera pas non plus sans influence sur le chiffre à fixer pour les parts sociales. En effet, en admettant que l'on puisse réunir sur-le-champ, par voie d'emprunt, les capitaux voulus, pour être certain toutefois que l'entreprise pourra marcher, il est de toute nécessité que la Société coopérative ait à sa disposition un capital qui lui appartienne en propre, afin de ne pas être obligé, en cas de retrait des fonds de la part des prêteurs, de vendre les ustensiles qui sont d'un besoin indispensable pour elle.

Le taux normal des parts sociales, en laissant de côté tous les autres cas de nature à influer sur ce taux, devra donc être fixé à un chiffre d'autant plus élevé que le besoin d'ustensiles et autres objets analogues sera plus grand pour la Société coopérative. Les Sociétés vinicoles, qui sont dans la nécessité d'acheter leurs crus aux vignerons pour empêcher ceux-ci de les céder, en vue d'un payement comptant, aux négociants en vins, à des prix bien inférieurs à leur valeur, ne pourront naturellement différer le payement jusqu'au moment où elles en auraient réalisé et touché le montant. En effet, si les vignerons étaient en position de pouvoir attendre aussi longtemps (et souvent des années entières s'écoulent) avant de toucher les fonds qu'ils désirent avoir à leur disposition, ils n'auraient nul besoin de l'intermédiaire de la Société, car ils laisseraient alors venir le moment favorable pour vendre leurs produits aux négociants en vins. Les Sociétés de ce genre, bien mieux, sont obligées, par suite de cette circonstance, de faire à leurs membres, d'après les cours pratiqués au moment de la livraison, l'avance de la totalité ou de la plus grande partie du montant de leurs crus. Un capital proportionnellement considérable est donc indispensable à cet effet, aussi faudra-t-il fixer le taux réglementaire des parts sociales à un chiffre proportionnellement élevé.

Comme il faut, en outre, consacrer à l'achat des fûts et tonneaux un capital important, et qu'il faut toujours en avoir en réserve un nombre suffisant, par prévision, pour les années où la récolte est abondante, nous estimons que ce ne sera pas fixer trop haut le chiffre des parts sociales que de le porter à 100 ou 200 thalers, en exigeant un premier versement d'environ 10 0/0, et il faudra, de plus, prendre des mesures pour que la formation de ces parts sociales ne marche pas trop lentement.

A cet effet, la mesure la plus convenable, c'est, en s'écartant sur un point des dispositions proposées par les statuts-types, qui se trouvent à l'Appendice faisant suite au présent chapitre, et en se conformant au moyen auquel a eu recours la *Société commerciale dite de la Pierre-Brune, à Géra*, près d'Elgersbourg (*Société coopérative enregistrée*), de retenir 10 0/0 sur les prix d'achat fixés au moment de la livraison des vins, et de porter le montant que l'on obtiendra ainsi sur le compte des parts sociales de chaque membre dont il s'agira.

En effet, les sociétaires dont l'industrie principale consiste précisément dans la vente de leurs vins à l'Association, seront certainement à même d'acquitter, sur les prix qui leur seront payés pour leurs livraisons, le montant de leurs cotisations réglementaires. Quant à fixer le taux de la part sociale d'après l'importance de la livraison, c'est ce qui est justifié par le fait que les risques auxquels est exposée la Société sont proportionnels à la valeur des achats qu'elle fait à ses sociétaires.

Les choses se passent tout autrement pour les Sociétés coopératives mentionnées sous la rubrique 6, parmi lesquelles ce sont surtout les *Laiteries coopératives*, déjà mentionnées précédemment et à plusieurs reprises, que nous avons ici en vue. Dans ce cas, le besoin d'un capital d'exploitation industrielle est d'autant moins sensible que le lait consigné n'est pas payé de suite, mais que les sommes auxquelles il s'élève sont portées, en prenant pour base des calculs la quantité et la qualité du produit livré, au crédit de chaque sociétaire. A la fin du mois, on procédera au relevé des recettes provenant de la vente mensuelle du lait et des laitages, et on établira séparément le montant des sommes dues pour le lait vendu au litre. Puis, après déduction du 12 1/2 0/0 destiné au remboursement des frais généraux, et qui devra, en outre, laisser un bénéfice, on payera intégralement, d'après le chiffre auquel s'élèveront les livraisons, le sociétaire à qui appartiendront les produits.

Dans des Sociétés de ce genre, il arrive aussi que les membres font *crédit* à leur Association de la valeur du lait consigné, et que, par conséquent, ou n'a besoin que d'un capital de roulement très restreint.

Toutefois, à un autre point de vue, le besoin, pour ce genre de Société, d'ustensiles et de machines, tels que barattes, grues, appareils à pompe, cuves, cuveaux et autres vases, est, à tous égards, considérable. Le compte d'ustensiles de la Société coopérative agricole de Kœnigsberg présente, pour une entrée de 6,000 litres de lait par jour, en moyenne, durant l'été de 1872, la somme de 2,935 thalers, tandis que le chiffre des parts sociales atteignait à 5,803 thalers. La Société est arrivée à ce résultat en fixant la part sociale de chaque membre à 50 thalers, sur lesquels il n'était exigé qu'un versement de 5 thalers lors de l'admission, et le reste devait être réalisé au moyen de prélèvement sur les bénéfices et a été, en effet, obtenu de cette manière. Les recettes figurant au compte ouvert pour les ventes de lait se sont élevées, pendant l'année 1872, à 57,913 thalers.

Tant que la plupart de ces Associations se trouveront encore dans une période d'essais et de tâtonnements, il conviendra, en toute occurrence, de recommander comme mesure à adopter dans les règlements statutaires le système auquel a eu recours la Société de Kœnigsberg, et qui a été également suivi par la Laiterie coopérative d'Insterbourg, pourvu que, dès les commencements, l'entreprise ait une extension d'affaires suffisante. Il ne faudrait cependant pas s'attendre à ce que toutes les Sociétés de ce genre y arrivent du premier coup.

Quant à laisser la part sociale s'élever à un chiffre supérieur aux besoins réels de l'entreprise, mesure que nous avons préconisée, en ce qui concerne les Sociétés coopératives de l'industrie pure, dans le but de les mettre à même de développer leurs opérations en proportion de l'accroissement de leurs capitaux, nous croyons, relativement aux Sociétés coopératives agricoles dont il est ici question, qu'il n'y a d'utilité à le faire que tout autant qu'elles ne se borneraient pas à la vente du lait et à la fabrication des laitages provenant des consignations de leurs sociétaires, mais qu'elles se livreraient, en outre, à des achats de lait fourni par des personnes étrangères à l'Association, et cela en vue de faire du commerce. Si l'entreprise se borne, en effet, aux opérations qui concernent les produits livrés par les membres du groupe, la faculté de développement dont elle jouit trouve dans la quantité de lait que peuvent consigner les sociétaires des limites indépendantes du capital appartenant au groupe. Supposons que les Sociétés de ce genre voulussent porter leur propre capital à un chiffre plus élevé qu'il n'est nécessaire, surtout lorsqu'on a la faculté de recourir, dans une certaine mesure, à des fonds provenant de tierces personnes, et cela afin d'utiliser la quantité de lait que les sociétaires seraient à même de consigner en raison du nombre de leur bétail, on enlèverait à ceux-ci, sans un besoin réel pour la Société, une partie de leurs épargnes qu'ils peuvent employer bien plus avantageusement à l'exploitation des terres qu'ils cultivent pour leur propre compte. Ce serait évidemment leur donner un conseil que rien ne saurait justifier.

b. — *Dividende.*

Il est à peine nécessaire d'indiquer les motifs en vertu desquels la répartition des dividendes ne saurait avoir lieu, dans le cas qui nous occupe, de la même manière que pour les Sociétés coopératives de l'industrie pure. Il ne s'agit pas ici d'Associations formées *d'ouvriers*, mais bien d'agriculteurs exploitant dans une pleine indépendance leur industrie, et qui se groupent de préférence ou pour des opérations *commerciales* faites de compte commun et à leurs risques communs, ou pour l'exercice d'une branche de l'industrie agricole, branche plus ou moins importante, mais telle que le *travail*, un des deux facteurs de la *production* et qui est généralement subordonné à l'autre, le *capital*, y obtient en réalité une prépondérance considérable sous forme de matières premières provenant de l'agriculture, et consignées en vue de passer par les manipulations voulues. Il faut, par conséquent, lorsqu'il s'agit de Sociétés coopératives de ce genre, renoncer à accorder *un boni* (pages 349 et 350, 1re partie) pour limiter exclusivement au dividende la part du capital.

A l'égard des *Sociétés vinicoles*, si la formation des parts sociales a lieu de la façon indiquée précédemment, c'est-à-dire par voie de retenue de tant pour cent sur la somme que donnera à l'achat le prix du vin, la répartition du dividende se fera dans des conditions vraiment équitables, du moment où l'on prendra exclusivement pour base le chiffre des *parts sociales*, en abandonnant ici le système recommandé par les statuts-types, au paragraphe 62 des mêmes. En effet, en attendant le jour où elles atteindront au taux réglementaire, ces parts sociales seront pour chaque membre d'un chiffre d'autant plus élevé que le propriétaire de la marchandise aura livré ses vins en plus grande quantité et que les qualités en auront été meilleures, et il se trouvera avoir droit au dividende dans cette même proportion, comme aussi il éprouvera un désavantage d'autant plus sensible que les prix d'achat auront été plus bas et auront donné un total moins considérable. La répartition des sommes à rembourser, si des pertes survenaient, auraient également lieu sur la même base.

Les *laiteries coopératives* des provinces Est de la Prusse, dont nous avons ci-dessus expliqué brièvement le mécanisme, procèdent, par contre, de la façon suivante : Elles prélèvent 5 0/0, à titre d'intérêts, que l'on ajoute aux parts sociales, et les bénéfices qui restent alors sont distribués aux sociétaires dans la proportion des retenues de tant pour cent qui ont été faites lors du partage des recettes provenant de la vente, retenues désignées sous la dénomination de « Tant pour cent des ventes. » C'est ce système de répartition qui a conduit à donner aux Sociétés de ce genre le nom de « Sociétés de magasinage, » dénomination qui convient uniquement à la forme de coopération dont nous avons traité dans le second chapitre de la deuxième partie de cet ouvrage.

Cette dénomination n'est nullement adaptée dans le cas qui nous occupe, attendu que la Société ne revend pas en détail le lait à ceux qui le lui ont consigné, et que, quand elle ne peut placer toute la quantité livrée, la fabrication du fromage et du beurre n'a pas lieu pour le *compte particulier de chaque sociétaire*, mais, au contraire, pour le compte de la collectivité et à ses risques. Le seul engagement dont il soit ici réellement question, c'est que chaque sociétaire a droit aux sommes que l'on retirera de la transformation en laitage du lait non vendu, et cela proportionnellement à la quantité qu'il aura fournie. Or, cet engagement constitue la reconnaissance formelle de ce fait : que les transactions commerciales et la fabrication des produits dont il est ici question ont lieu pour le *compte commun* du groupe.

Dans le paragraphe 62 des statuts-types, laissant de côté la question du fonds de réserve, et nous conformant à la pratique suivie par ces laiteries coopératives elles-mêmes, nous avons recommandé ce système de répartition. On prélèvera donc en premier lieu, toutefois après retenue du prorata affecté au fonds de réserve, un chiffre d'intérêts allant jusqu'à 5 0/0, que l'on ajoutera aux parts sociales. A l'égard de ces intérêts, les observations faites à la page 352 (1re partie) conservent toute leur portée. Quant au solde que l'on trouvera ensuite, il sera distribué aux sociétaires d'après le chiffre auquel se seront élevées les livraisons de lait faites par eux. Il résulte de ce mode de répartition que le tant pour cent ne donnera individuellement qu'un faible dividende, mais qui, quant à la somme, sera égal au dividende que l'on obtiendrait en partageant les recettes dans la proportion des retenues de tant pour cent faites au moment des ventes. Mais, par cela même que le dividende est calculé sur la base des livraisons, le principe d'après lequel la répartition du dividende a lieu en raison de la proportion actuelle dans laquelle le capital des sociétaires intervient sous forme de produits agricoles, tels que lait et autres denrées analogues, est mis ainsi en pleine évidence.

La participation aux pertes est réglée d'une façon analogue à la participation aux bénéfices.

c. *Fonds de réserve.*

La formation d'un fonds de réserve paraît convenir au plus haut degré à ces sortes de groupes coopératifs, d'autant que, surtout pour les Sociétés vinicoles, qui ne peuvent pas s'abstenir complétement de la vente à crédit, il est très difficile que l'on parvienne à éviter les pertes d'une manière absolue.

Quant à déduire les pertes du montant des parts sociales, c'est une mesure qui ne manquerait pas de produire une très fâcheuse impression sur l'esprit des sociétaires, et qui serait très nuisible au point de vue du matériel considérable d'ustensiles dont ces Sociétés se trouvent avoir besoin.

Par cette même raison, il ne faudra pas trop se

presser de suspendre les retenues que l'on fait en vue de les ajouter au fonds de réserve, mais, au contraire, les continuer jusqu'à ce qu'elles aient atteint aux limites qui, à cet égard, ont été fixées par le paragraphe 54. Le chiffre des droits d'entrée à attribuer au fonds de réserve, de même que la manière de les percevoir, restent réservés aux décisions de l'assemblée générale. Il est, en effet, très difficile d'établir un système d'évaluation qui puisse également convenir à toutes les Sociétés agricoles, soit de commerce, soit de production.

Les laiteries coopératives des provinces Est de la Prusse s'étant organisées en général d'après les statuts qui servent de règle aux Sociétés de magasinage, n'ont dans leurs réglements établi aucune disposition concernant la formation d'un fonds de réserve. Mais, d'autre part, elles perçoivent sur chaque 100 kilos de lait que consigne en moyenne et par jour le nouveau sociétaire, une taxe de 10 thalers qui, dans les trois premiers mois seulement, sont portés, à titre de « droits extraordinaires d'admission » au compte d'ustensiles de la laiterie. On a de la sorte introduit, sous un nom différent, un véritable fonds de réserve qui satisfait pleinement aux besoins de ces Sociétés coopératives, mais qu'il serait mieux de désigner sous la rubrique de *Fonds de réserve* que sous celle de *Compte d'ustensiles de la laiterie.*

V

SYSTÈME DE COMPTABILITÉ ET TENUE DES LIVRES

En thèse générale, nous renvoyons aux observations que nous avons déjà faites, pages 3 et suivantes, ne

tenant ici à faire ressortir d'une façon particulière
que la nécessité absolue où l'on est d'adopter la tenue
des livres en partie double pour les Sociétés qui,
comme c'est le cas en ce qui concerne l'établissement
agricole de Kœnigsberg, ne sont pas seulement des
Associations coopératives joignant la fabrication aux
opérations commerciales, mais sont en même temps
des entreprises pour l'achat des matières employées
par leurs sociétaires, et que de plus, lorsqu'elles ven-
dent des cuirs, par exemple, pour le compte individuel des membres, se trouvent être en outre, dans
l'acception rigoureuse du mot, des Sociétés coopératives de magasinage. Mais, là même où la Société ne
poursuit pas, ce qui est toujours une source de dangers nombreux, des buts multiples et divers ou n'en
poursuit que quelques-uns, comme dans les Associations qui se bornent aux opérations relatives aux soins
à donner aux vins que les membres consignent et à
la vente de leurs crus, ou qui se limitent à tirer le
meilleur parti du lait qu'on leur livre et des laitages
qu'on fait au moyen de celui-ci, nous n'en recommanderons pas moins l'usage de la méthode de Tenue
des livres d'Oppermann, dont nous avons déjà signalé
les avantages à plusieurs reprises, pourvu qu'on ait
sous la main le personnel capable d'en faire l'application.

Mais, là où de simples cultivateurs, auxquels la connaissance de la comptabilité en partie double est absolument étrangère, se forment en Sociétés du genre
de celles qui sont l'objet de nos réflexions, la tenue
des livres dont le mécanisme a été expliqué pages
354 à 372 et 373 à 388 (1re partie), pourra servir comme
modèle et comme point de départ. Toutefois, il y aura

lieu à quelques modifications, par le fait que les individus qui consignent, dans le cas qui nous occupe, les produits bruts sont exclusivement des sociétaires, et aussi à raison du mode plus ou moins variable de la répartition des bénéfices. En conséquence, au compte B, Parts sociales, p. 452-453 (1re partie), l'entête des colonnes 10 à 12 ne devra plus contenir que les mots suivants : « Payé comptant sur les intérêts et dividendes.

En outre, au compte D, Produits bruts et matériaux, pages 454-455 (1re partie), les colonnes 8 jusqu'à 11 inclusivement seront supprimées, car les produits agricoles des membres sont livrables au local même de la Société; celle-ci n'a donc pas à en supporter les frais de transport et, de plus, les sociétaires devant jouir, en ce qui concerne le payement des livraisons qu'ils font, de conditions parfaitement égales, il ne saurait être permis d'accorder des faveurs particulières à quelques-uns, ce qui aurait lieu si la Société prenait à sa charge les frais en question. Le compte d'effets, sous la rubrique D, disparaît également.

Au compte G, Frais généraux, pages 456-457 (1re partie), les salaires payés aux aides et aux ouvriers employés par la Société seront marqués en détail, car le nombre de ceux qui auront droit de ce chef ne peut être que restreint, et ainsi l'on sera amené à supprimer le journal-auxiliaire relatif aux salaires et aux traitements, pages 462-463 (1re partie), dont l'utilité était surtout de faciliter le calcul des sommes donnant droit au boni.

Ces sortes de Sociétés n'ont pas toujours besoin d'un carnet d'échéances pour les effets, d'abord parce qu'en général elles n'ont pas l'occasion de faire faire traite sur elles-mêmes, ensuite parce que le plus souvent elles n'ont aucun avantage à tirer sur des tiers, ou qu'enfin il n'y a pas possibilité de disposer de la sorte. D'ordinaire, les « laiteries et fromageries coopératives » ne comportent que des transactions au comptant, et même lorsqu'elles ne se conforment pas à ce principe, ou dans certains cas ne peuvent pas s'y conformer, comme c'est le cas pour les Sociétés vinicoles, qui souvent doivent accorder des crédits, elles ne sont toutefois pas en position de recouvrer le montant qui leur est dû par voie de tirage sur le débiteur, car ce système de compenser les dettes est une coutume commerciale qui, surtout vis-à-vis des consommateurs, n'est pas d'une application facile.

Par suite de la suppression du carnet d'échéances pour les effets en circulation, la copie des effets devra naturellement disparaître aussi.

. Les livres de contrôle relatifs aux comptes D et E, pages 458-461 (1re partie), en ce qui concerne les Sociétés vinicoles et d'autres groupes de même catégorie, seront fondus en un seul livre de contrôle qui, pour ces Sociétés aussi, sera tenu par le chef de magasin, bien que celui-ci, dans les Sociétés qui forment l'objet de la discussion actuelle, ne fasse pas, d'après les statuts-types, partie du Comité de direction.

Le livre des salaires, page 462, sera remplacé par un livre de quittances relatif aux prix des livraisons de chaque sociétaire, qui contiendra seulement la date de la consignation, une spécification abrégée de la nature de l'article, ainsi que la valeur évaluée en argent, de plus une attestation écrite servant de reçu et donnée par le caissier, laquelle, si la marchandise a été livrée à crédit, sera en outre signée par le caissier, de façon à ce que le sociétaire qui aura fait la livraison ait, dans ce cas, un document constituant, à l'égard de sa créance, engagement de la part de la Société.

Le journal-auxiliaire pour les cotisations des sociétaires, pages 466-467 (1re partie), se trouve supprimé. Comme il n'y a pas lieu de percevoir des membres de l'Association des contributions mensuelles, en vue de la formation des parts d'actions, tenir un journal-auxiliaire pour les écritures des sommes à porter au crédit sur les bénéfices de l'année et des retenues annuelles de tant pour cent sur les produits consignés, ne servirait qu'à augmenter le nombre des livres de commerce, sans diminuer le nombre des écritures indispensables et sans rendre plus facile la connaissance de la marche des opérations.

Comme le gérant ne se mêle pas directement des opérations ayant trait à la fabrication, le livre d'atelier, pages 466-467 (1re partie), devient également superflu.

Par contre, pour les payements qui concernent la Société, le caissier n'étant pas exclusivement chargé d'encaisser, mais le chef de magasin, en tant que fondé de pouvoirs y étant aussi autorisé, un carnet des reçus délivrés par le caissier est indispensable. Ce dernier devra y donner décharge au chef de magasin des sommes versées pour la caisse. Le chef de magasin gardera ledit carnet entre ses mains. Il lui servira en même temps de livre de caisse, et on se bornera a y introduire les subdivisions suivantes : 1° date du payement; 2° nom du payeur et domicile; 3° nature de la recette; 4° montant de la recette; 5° une large colonne pour que le caissier puisse y inscrire son récépissé, qui devra exprimer en chiffres et en toutes lettres le montant des diverses sommes payées.

APPENDICE AU CHAPITRE TROISIÈME

Il faut considérer, comme convenant également aux Sociétés coopératives agricoles de commerce ou de production, les modèles d'actes indiqués ci-après et qui font partie de l'Appendice du premier chapitre de la deuxième division de cet ouvrage, paragraphes 214 à 219 (1re partie).

1° *Modèle de procès-verbal d'une assemblée générale ;*

2° *Modèle du procès-verbal d'une séance de la direction et de la délégation réunies.*

ANNEXE N° 3.

STATUTS (CONTRAT D'ASSOCIATION) *de la Société de production agricole la...., Société coopérative enregistrée.*

RAISON, SIÉGE ET OBJETS DE LA SOCIÉTÉ

§ 1. Les soussignés réunis ont formé une Société coopérative sous la raison : La   , Société agricole de production enregistrée conformément à la loi de l'empire du 4 juillet 1868. Le but de l'entreprise est   pour le compte commun et aux risques communs.

La Société a son siége à

FONDS DE LA SOCIÉTÉ

§ 2. Les fonds de la Société seront formés par les apports des membres et par des parts sociales, conformément aux dispositions suivantes. Ils se divisent en :

a. Capital des membres, soit les parts d'actions des individus, en dépôt dans la caisse sociale ;

b. Capital de la Société, c'est-à-dire lui appartenant en propre et servant de fonds de réserve pour l'entreprise.

La proportion légale entre ces deux éléments constitutifs sera déterminée plus loin.

FONCTIONNEMENT ET DIRECTION DES AFFAIRES DE LA SOCIÉTÉ COOPÉRATIVE

Ses organes.

§ 3. La Société coopérative administre elle-même ses intérêts, et tous ses membres y prennent également part. Elle a pour organes :

1° *La direction ;*

2° *La délégation.* (Conseil de surveillance et d'administration) ;

3° *L'assemblée générale.*

1° DE LA DIRECTION

a. Composition et élection.

§ 4. La direction se compose : 1° du *gérant;* 2° du

substitut du gérant; 3° du *caissier*, et elle est nommée par élection séparée pour chacun des membres, d'abord pour un an et ensuite, à l'expiration de celui-ci, pour un laps de temps qui sera déterminé ultérieurement. Les candidats devront être élus en assemblée générale, au scrutin.

La réélection des mêmes personnes après l'expiration de leurs fonctions est autorisée.

b. *Validation.*

§ 5. La validation des nominations à la charge des directeurs se fera au moyen du procès-verbal qui sera rédigé au sujet des débats électoraux (§ 43) de l'assemblée générale.

Les nominations devront être notifiées sur-le-champ au tribunal de commerce, au moyen de la remise d'un double du procès-verbal de l'élection, remise qui sera faite par les membres du Comité de direction, lesquels se rendront de leur personne et au complet audit tribunal pour y déclarer qu'ils acceptent les fonctions qui leur sont conférées, et pour signer en présence du magistrat, à moins qu'ils ne préfèrent remettre leurs signatures respectives dûment légalisées.

c. *Signature pour la Société coopérative.*

§ 6. La *signature* sera donnée de la façon suivante :

Les signataires ajouteront leurs noms et leurs paraphes à la raison commerciale de la Société. Mais la signature n'aura d'effet légal, à l'égard de la Société, que tout autant qu'elle aura été donnée par deux membres au moins de la direction.

d. *Pouvoirs et fonctionnement de la direction en général.*

§ 7. La *direction* représente la Société judiciairement et extra-judiciairement avec tous les pouvoirs a elle conférés par la loi sur les Sociétés coopératives du 4 juillet 1868, paragraphes 17 et suivants.

§ 8. Elle administre en toute indépendance les affaires de la Société, sauf les points où ses attributions se trouvent restreintes par les présents statuts, ou le seront par les décisions ultérieures de la Société, et sauf les cas où elle est tenue d'avoir l'approbation de la DÉLÉGATION (*Conseil de surveillance*) ou de l'ASSEMBLÉE GÉNÉRALE.

§ 9. Pour tout acte outrepassant les limites fixées de la sorte à ses attributions ou pour tout dommage causé soit de propos délibéré, soit par le fait d'une extrême négligence de la part des directeurs, ceux d'entre eux qui s'en seront rendus coupables seront solidairement responsables, vis-à-vis de la Société, sur tous leurs biens.

§ 10. La direction maintient, conformément aux engagements qu'elle en prend, les affaires de la Société dans une bonne voie administrative et qui répond aux prescriptions statutaires. Elle doit surtout veiller à ce que la tenue des livres soit exacte et claire, à ce que le bilan soit dressé à la fin de l'année (§ 26 de la loi sur les Sociétés coopératives), conformément aux prescriptions du Code général de commerce pour l'Allemagne. Enfin, elle sera dans l'obligation de prendre les mesures de sûreté nécessaires pour la conservation des fonds en caisse et des documents ou titres qui pourront exister.

En outre, la direction arrêtera les mesures voulues pour le maintien dans de bonnes conditions des livrées par les sociétaires, et elle aura à se servir des employés de la Société qui auront été préposés à cet effet. Elle dirigera les travaux de fabrication et de manipulation des produits, et prendra toutes décisions au sujet de la vente des articles fabriqués, sauf les points réservés par les dispositions spéciales des présents statuts, et d'une façon formelle à la délégation, en vertu de son droit d'approbation.

§ 11. La direction est chargée d'une manière toute spéciale des démarches exigées en vue des notifications à faire au tribunal de commerce, en vertu des paragraphes 4, 6, 18, 23, 25, 36, 41, 48 et 51 de la loi sur les Associations coopératives, ainsi que des publications relatives aux cas énoncés dans lesdits paragraphes. Elle est également tenue de remplir les engagements imposés par les paragraphes 26, 31, 52, 56 à 58 de la loi. En cas contraire, elle sera passible des pénalités édictées à raison de la non-exécution de cette loi par les dispositions des paragraphes 66 à 68 de la même, et pourra surtout être condamnée à des amendes sans pouvoir prétendre à aucun remboursement de la part de la caisse sociale. La remise du présent contrat d'association conjointement au rôle des sociétaires, ainsi que la production de tous les procès-verbaux modifiant ou complétant lesdits contrats ou statuts, sera faite par les directeurs, qui se rendront tous en députation auprès du tribunal de commerce. L'original du contrat ou statuts sera déposé au greffe, et on y ajoutera une copie à la main ou à la presse du même. Les décisions de la Société devront être remises par duplicata.

§ 12. Les directeurs expédient les affaires courantes et autres de la Société au fur et à mesure qu'elles surviennent, à la majorité des voix, sous la présidence du gérant. Les séances à cet effet auront lieu régulièrement, ou bien des convocations seront faites, surtout par le fonctionnaire désigné tout à l'heure; mais, dans ce cas, l'objet des délibérations devra être spécifié. L'assentiment de deux des membres au moins de la direction est indispensable pour toute mesure concernant les intérêts de l'Association.

§ 13. Chaque mois, la direction, s'adjoignant le Comité de délégation, vérifie les soldes de caisse, les existences de marchandises, le matériel effectif, la quantité des ustensiles; et, à cette occasion, le caissier devra dresser un relevé mensuel de la situation commerciale et financière de la Société coopérative, qui servira de base à ladite vérification.

●. *Fonctions spéciales des divers membres de la direction.*

§ 14. En outre, et conjointement aux obligations générales précédemment énoncées, les membres de la direction sont chacun chargés de fonctions spéciales.

Le *caissier* se trouve chargé de recevoir toutes les sommes qui devront être versées à la caisse de la Société; d'en donner quittance conjointement avec un second membre de la direction; de garder cet argent et de tenir, conformément aux instructions administratives qui lui sont données, les livres nécessaires.

Les *dépenses* ne devront être payées par lui que contre un mandat écrit et signé par deux des membres de la Société.

§ 15. Le *gérant* a la direction supérieure de l'entreprise ; il prend part à la conclusion de toutes les affaires, en se conformant aux prescriptions réglementaires. Il doit aussi se tenir au courant de l'état de la caisse, de l'effectif des marchandises et ustensiles, et, par conséquent, il aura également à s'en rendre compte lors de chaque vérification. Vient-il à s'apercevoir de déficits ou d'irrégularités en ce qui concerne le maniement des fonds, il aura à en donner sur-le-champ connaissance à la délégation, afin que celle-ci prescrive les mesures nécessaires pour y remédier. Lorsqu'au contraire des désordres ou des déficits sont constatés dans l'administration d'une branche de l'entreprise confiée à un autre fonctionnaire de la Société, il devra lui-même recourir aux mesures nécessaires pour garantir les intérêts de l'Association, et, au besoin, suspendre de ses fonctions l'employé en question.

Dans quelle mesure conviendra-t-il au gérant de prendre part à la tenue des livres? c'est ce que décideront les instructions administratives qui lui seront données.

§ 16. Le *substitut* du gérant a soin, en se conformant aux décisions de la direction, de la correspondance, et vaque aux occupations du gérant ou du caissier dans les cas d'empêchement passager.

§ 17. Dans les cas d'empêchement durable, de démission ou de décès d'un des membres de la direction, la *délégation* (Conseil de surveillance, etc.) devra aviser de suite aux dispositions à prendre pour le remplacement qui est forcé, et, dans les deux cas que nous venons de citer, devra provoquer des élections supplémentaires. La notification relative à ces remplaçants nommés intérimairement par la délégation sera faite par ceux-ci conjointement avec les anciens membres de la direction encore en fonctions. Les uns et les autres se rendront en corps au tribunal de commerce et, pour la validation, devront remettre une double copie du procès-verbal de la décision de la délégation relative à ce fait. Lesdits remplaçants auront, en outre, à se conformer, en ce qui concerne la signature, aux prescriptions du paragraphe 5 des présents statuts. La même démarche, dans les cas où le directeur empêché reprendrait ses fonctions, devra être faite par celui-ci, conjointement avec ses anciens collègues, à l'effet de notifier que le remplaçant se retire.

f. *Révocation des membres de la direction de leur emploi.*

§ 18. La direction, en masse, de même que chaque membre pris individuellement, peuvent en tout temps être révoqués par décision de l'assemblée générale, et l'individu ainsi déposé n'a droit à une indemnisation que dans la mesure des stipulations du contrat passé entre lui et la Société coopérative.

Les membres de la direction devront également se soumettre à la suspension provisoire prononcée par la délégation, sous réserve de la décision définitive que prendra l'assemblée générale qui, dans ce cas, devra être convoquée dans le plus bref délai.

g. *Appointements des directeurs et cautionnement à fournir par eux.*

§ 19. Les membres de la direction recevront des

appointements qui seront fixés par le contrat à passer avec eux.

§ 20. Le caissier sera tenu de fournir un cautionnement à la Société coopérative. Les points de détail, à ce sujet, seront réglés par la délégation, sauf approbation de l'assemblée générale.

h. *Employés. — Fondés de pouvoirs.*

§ 21. Pour l'administration du magasin ou dépôt des marchandises, l'on nommera, à titre d'employé de la Société, un chef de magasin. On pourra également nommer, pour l'exécution d'affaires spéciales, de même que pour l'administration d'une branche entière d'opérations, des fonctionnaires ou des fondés de pouvoirs. Au sujet de toute mesure de cette nature comme aussi pour les contrats de service à conclure avec les personnes en question et pour les cautionnements à exiger de celles-ci, c'est l'assemblée générale qui sera appelée à décider sur les propositions faites par la direction et la délégation. Le choix des employés appartiendra à la direction, sous réserve de l'approbation de la délégation.

II

DE LA DÉLÉGATION (CONSEIL D'ADMINISTRATION ET DE SURVEILLANCE)

a. *Composition et nomination.*

§ 22. La *délégation* (*Conseil de surveillance ou d'administration*) se compose de cinq membres qui sont élus parmi les membres en assemblée générale, par une seule et même élection, pour deux ans.

Dans la première année, les membres sortants seront au nombre de trois, et dans celle qui suivra de deux. Ils seront remplacés par voie d'élection nouvelle. Lors de la première élection nouvelle, le tirage au sort décidera entre ceux qui avaient été nommés pour la première année; plus tard, ce sera la date de l'entrée en fonctions qui servira de point de départ à la durée de celles-ci.

La réélection des mêmes personnes est permise après l'expiration de la période qui précède les élections.

§ 23. Dans le cas de démission ou de décès d'un membre de la délégation, une nouvelle élection aura lieu pour le reste de la période que devront durer les fonctions.

b. *Fonctionnement.*

§ 24. La délégation investit l'un de ses membres de la présidence, et il confie à un autre les fonctions de secrétaire, et nomme pour tous les deux, en cas d'empêchement, un troisième membre en qualité de remplaçant ; enfin, il en choisit encore deux autres, l'un comme réviseur des comptes, l'autre comme inspecteur des opérations industrielles et commerciales. Les délégués prennent leurs décisions à la majorité des membres assistant à leurs séances, et les résolutions ainsi prises ont force exécutoire si trois membres au moins étaient présents.

§ 25. Les séances sont tenues dans un local spécial, à des époques qui sont ou fixées à l'avance par les règlements, ou bien les convocations sont faites par le président, dans lequel cas surtout les dispositions du paragraphe 12, relatives aux séances de la direction, sont également applicables ici. Les procès-verbaux qui ont trait aux séances de la délégation et qui doivent reproduire, pour ainsi dire à la lettre, les décisions prises, devront être signés par les membres de la direction qui auront assisté aux séances, et ensuite remis à la garde du président.

§ 26. La direction, de même que deux des membres de la délégation, sont en tout temps autorisés à exiger que le président de la délégation procède à la convocation de ce dernier Comité, pourvu que l'objet des délibérations soit indiqué par écrit. Le président devra obtempérer, avec toute l'activité possible, à cette demande.

c. *Révocation des membres de la délégation de leur charge.*

§ 27. Les membres de la délégation, au cas où la libre disposition de leurs biens leur serait enlevée, ou s'ils venaient à être privés de leurs droits civils, de plus s'ils ne remplissaient pas les engagements contractés vis-à-vis de la Société, ou s'ils en arrivaient à se trouver en procès avec celle-ci, enfin s'ils se rendaient coupables de manœuvres déloyales envers elle, pourront, en tout temps, être révoqués de leurs fonctions.

L'initiative de la proposition à faire en ce cas appartient aussi bien à la direction qu'à n'importe quel membre de la délégation, et pourra même émaner du sein des simples sociétaires, pourvu qu'elle soit remise par écrit à la direction, en spécifiant les motifs, et pourvu qu'elle soit appuyée par la signature d'au moins le... des sociétaires.

d. *Obligations et pouvoirs de la délégation.*

§ 28. La délégation surveille les actes administratifs de la direction. Elle est, en tout temps, autorisée à inspecter dans ce but tous les livres et toutes les pièces y relatives, à vérifier la situation de caisse, l'effectif des marchandises et ustensiles, et, au cas où des irrégularités seraient découvertes, à recourir à toutes les mesures nécessaires à la sécurité de la Société coopérative.

Elle peut suspendre provisoirement les membres de la direction jusqu'à ce que l'assemblée générale, qui devra de ce fait être convoquée, ait statué à ce sujet, et jusque-là, pour la continuation intérimaire des affaires, elle devra prendre les mesures nécessaires en nommant des remplaçants. En ce qui concerne les notifications au tribunal de commerce, la validation des fonctions, la signature, les attributions enfin et les devoirs des remplaçants, les prescriptions du paragraphe 17, restent en ce cas complétement en vigueur.

§ 29. La délégation doit, en outre, par l'entremise de ces deux réviseurs, faire vérifier les relevés mensuels et trimestriels des écritures dressés par les soins de la direction, et elle est tenue de se procurer, en outre, les renseignements nécessaires pour avoir un aperçu exact de la situation des affaires.

Le vérificateur de la partie industrielle ou technique de l'entreprise doit, en outre, dans le cours du mois, procéder au moins une fois à une inspection de l'etablissement.

L'inventaire qui doit avoir lieu à la fin de l'exercice courant sera fait en commun avec la direction elle-même, par la délégation ou par une Commission prise dans les deux corps. Cette Commission devra vérifier le relevé des comptes que la direction lui soumettra conjointement avec le bilan. Elle devra apporter le plus grand soin dans cette vérification, et contrôler les écritures ainsi remises au moyen de l'inspection des livres, des soldes de caisse et de l'effectif du matériel d'ustensiles. Elle fera ensuite un rapport à l'assemblée générale et, suivant qu'il y aura lieu, prendra l'initiative des propositions à formuler relativement à la répartition des bénéfices.

§ 30. La délégation sera donc le représentant naturel de la *Société coopérative, lorsqu'il s'agira de contrats à passer* avec les membres de la direction ou de *procès à soutenir* contre ceux-ci. L'autorisation nécessaire, dans ce dernier cas, sera obtenue par la remise d'une copie de la délibération de l'assemblée générale relative à cette mesure, et du procès-verbal qui a trait à l'élection des membres actuels de la délégation, paragraphes 22 et 44. Ladite remise de ces documents sera faite par la majorité des délégués.

§ 31. La direction est tenue d'obtenir *l'assentiment de la délégation* dans les cas suivants :

1° Lors de la stipulation des baux de location ou tous autres contrats qui entraînent des engagements réciproques de la part de la Société et qui ne sont pas réservés aux décisions de l'assemblée générale ;

2° Pour l'acquisition et l'aliénation des meubles, en tant que ceux-ci appartiennent à l'inventaire de la Société coopérative, et toutes les fois que leur prix d'achat dépasse... thalers ;

3° Pour les modifications et changements dans la disposition des locaux de la Société ;

4· Pour les indemnités à accorder pour frais de voyage et pour les allocations journalières qu'il y a lieu de donner aux sociétaires qui se trouveraient chargés de l'exécution de certaines opérations, tant que le montant des sommes à allouer ne dépasse pas le chiffre de... thalers;

5° A l'occasion de toutes autres dépenses extraordinaires, si celles-ci dépassent la somme de ... thalers;

6° Lorsqu'il s'agira de crédits à accorder aux clients de la Société.

§ 32. La direction et la délégation réunies en séances communes, où les membres des deux organes out le droit de vote, sont, en outre, appelés à se prononcer sur les affaires dout l'énumération suit :

a. Pour le placement des capitaux inactifs en caisse;

b. Pour les emprunts à contracter dans les limites tracées par l'assemblée générale ;

c. Au sujet de la rédaction d'instructions concernant l'administration en général, et surtout pour celles relatives aux dispositions à prendre dans l'organisation de la tenue des livres.

Pour la validité des délibérations d'une séance tenue en commun, il faut la présence de deux membres de la direction et de trois membres de la délégation. La préséance appartient au président de la délégation, qui devra adresser les invirations voulues à ceux qui auront droit de prendre part à la réunion, en faisant connaître le sujet à l'ordre du jour, et cela dès que la demande en sera faite par la direction ou par deux des membres de la délégation, à la condition toutefois que les requérants indiqueront l'objet des débats.

III

DE L'ASSEMBLÉE GÉNÉRALE

a. *Droit de participation aux délibérations.*

§ 33. Les droits qui appartiennent aux membres de la Société coopérative, touchant les affaires de celle-ci, seront exercés par eux en assemblée générale.

Tout membre a droit à une voix dans les décisions à prendre, mais il ne peut le transmettre à un tiers.

b. *Convocation et Invitation.*

§ 34. La *convocation* de l'assemblée générale doit d'ordinaire émaner de la délégation, mais, si celle-ci différait à le faire, les directeurs pourront y procéder d'eux-mêmes.

L'invitation à se réunir en assemblée générale aura lieu au moyen d'une seule et même publication insérée dans le journal le ...., et sera signée du président de la délégation ou du gérant. Le numéro du journal relatif à cette invitation devra paraître au moins deux jours avant la réunion.

Dans l'avis d'invitation, l'on devra relater sommairement les propositions sur lesquelles la discussion devra porter, ainsi que les autres objets à l'ordre du jour.

c. *Assemblées générales ordinaires.*

§ 35. Les assemblées générales ont régulièrement lieu à la fin de chaque trimestre pour l'expédition des affaires courantes de la Société coopérative, et pour la communication de la situation commerciale et financière de ladite Société.

Dans l'assemblée générale ordinaire qui sera la *dernière* de l'exercice courant, aura lieu surtout la nouvelle élection des membres de la délégation, et dans celle qui sera la première, le dépôt réglementaire des écritures, l'approbation des actes de la direction, la répartition des bénéfices, conformément aux paragraphes 57 et suivants.

d. *Assemblées générales extraordinaires.*

§ 36. De plus, dans des circonstances pressantes, il sera permis de convoquer, en tout temps, des assemblées générales extraordinaires, et la délégation y sera même obligée, si la direction ou le ..... des membres de la Société coopérative en font la proposition par écrit.

e. *Ordre du jour.*

§ 37. L'ordre du jour sera réglé par la délégation ou par la direction, suivant que l'initiative de la convocation émanera de l'une ou de l'autre. Cependant toutes les propositions devront y être énoncées, à la condition que celles-ci aient été communiquées par la direction ou par le ..... des membres, avant l'expédition de la lettre de convocation.

f. *Présidence.*

§ 38. La présidence de l'assemblée générale revient de droit au *président de la délégation* ou au *gérant* de la Société, si l'assemblée a été convoquée par ce dernier ; mais elle pourra à tout instant, en vertu d'une décision, être transférée à un autre membre. Le secrétaire chargé de la rédaction des procès-verbaux sera à la nomination du président.

g. *Mode de votation.*

§ 39. Le mode de votation consiste dans la levée des mains, et le président est autorisé, du moment où le résultat lui paraît tant soit peu douteux, à faire procéder au dénombrement des votes par deux *contrôleurs* ou *vérificateurs*, nommés par lui à cet effet. Il y est même obligé, dès que le ..... des sociétaires en fait la demande.

Lorsqu'il s'agit de l'admission ou de l'exclusion des sociétaires, le vote a lieu au scrutin.

Toutes les nominations ont également lieu au scrutin et à la **majorité** absolue des suffrages. Si, au premier tour, cette majorité n'est pas obtenue, il y aura un second tour portant uniquement sur le double du nombre des candidats voulus parmi ceux qui auront obtenu le plus de voix, et l'on continuera de la sorte jusqu'à ce qu'on arrive à une majorité absolue pour tous les candidats. Dans le cas où les suffrages se partageraient également, c'est le tirage au sort qui décidera.

h. *Délibérations.*

§ 40. Les décisions prises à la majorité des votants présents à l'assemblée générale ont force obligatoire pour la Société coopérative, du moment où l'invitation a eu régulièrement lieu, et que, par suite, l'on a pu avoir connaissance de l'ordre du jour.

§ 41. Il sera cependant fait exception à cette règle :

a. Lorsqu'il s'agira de l'admission de nouveaux sociétaires, du renvoi des membres faisant partie de l'association, s'il a lieu antérieurement à l'époque de notification exigée pour les délais, conformément aux dispositions du paragraphe 47; enfin, quand il sera question d'élever le chiffre réglementaire des parts sociales. Dans tous ces cas, les décisions seront prises à la majorité des deux tiers des suffrages émis par les membres présents à la réunion;

b. Dans les cas où il sera question de modifier ou de compléter les présents statuts, et dans celui de dissolution. Ici, la présence de la moitié au moins des sociétaires est indispensable, et, pour la validité des suffrages, il faut une majorité qui soit des deux tiers au moins, à peine de nullité.

§ 42. Si, dans les cas mentionnés à la lettre *b*, paragraphe 11, la moitié des membres dont la présence à l'assemblée est nécessaire ne peut être obtenue, une nouvelle assemblée sera convoquée avec un délai d'au moins huit jours et de quatre semaines au plus, pour l'expédition des affaires à l'ordre du jour de la précédente réunion générale. Cette seconde réunion décidera définitivement et valablement, sans égard au nombre des membres qui y assisteront.

1. *Affaires soumises aux délibérations de l'assemblée générale.*

§ 43. Les procès-verbaux dressés à l'occasion des débats des assemblées générales et qui contiennent la marche des délibérations quant aux points essentiels, tels que les décisions prises, les élections, et, dans ce dernier cas, le nombre des suffrages émis et leur répartition, seront enregistrés, sous la date où se sera tenue l'assemblée générale, dans le *Registre des procès-verbaux*, et revêtus des signatures des membres présents à la réunion dont il s'agira, seront gardés, de même que les exemplaires des journaux contenant les *invitations*, par les soins de la délégation.

§ 44. Les affaires énoncées ci-après restent subordonnées aux décisions de l'assemblée générale, sans parler des articles qui, dans d'autres endroits des présents statuts, lui sont formellement réservés :

1° Modifications et adjonctions aux présents statuts de la Société coopérative ;

2° Dissolution et liquidation de la Société ; en outre, déduction sur le montant des parts sociales pour les pertes subies par l'entreprise, en dehors même du cas de liquidation ;

3° Acquisition, aliénation d'immeubles et acceptation de charges pouvant les grever ;

4° Election et rétribution des directeurs et des délégués ;

5° Ratification des contrats à passer avec les employés et aides de la Société coopérative ;

6° Ratification de tous les contrats de location stipulant une durée qui dépasse deux années ;

7° Action judiciaire à intenter contre les membres de la délégation et de la direction ; au besoin, révocation de leurs emplois et nomination de fondés de pouvoirs chargés de la surveillance des procès dirigés contre les membres de la délégation : la validation des pouvoirs devra, dans ce cas, être obtenue au moyen de la copie de la décision de l'assemblée générale ;

8° Décision de toutes contestations relatives au sens

et au contenu des présents statuts et des résolutions
ultérieures ;

9° Décision en dernier ressort sur toutes plaintes
formulées contre l'administration et contre les mesures prises par les directeurs et les délégués ;

10° Fixation de la somme la plus élevée que l'ensemble des emprunts à la charge de la Société coopérative ne devra dépasser en aucun cas ;

11° Répartition, à la fin de l'année, des bénéfices
et approbation des actes administratifs de la direction ;

12° Admission, renvoi et exclusion d'un ou plusieurs membres ;

13° Adhésion aux Syndicats coopératifs et résiliation des engagements contractés envers ceux-ci ;

14° Allocation pour frais de voyages et pour toutes
dépenses extraordinaires excédant la somme de.....
thalers.

QUALITÉ DE SOCIÉTAIRE. — COMMENT ELLE S'OBTIENT OU SE PERD

§ 45. La qualité de membre s'*acquiert*, soit en si-
gnant les présents statuts, soit par une déclaration
écrite, sauf acceptation préalable de la part de l'assemblée générale.

§ 46. On *perd* la qualité de membre par le fait de
l'exclusion, et cela à dater du jour de la décision
prise à ce sujet par la Société. L'exclusion pourra
être proposée par la direction, la délégation, ou le
..... des sociétaires :

1° En cas de manœuvres déloyales à l'égard de la
Société coopérative ;

2° En cas de non exécution des engagements statutaires;

3° En cas d'incapacité légale reconnue en ce qui concerne la libre disposition de ses biens propres.

En outre, la qualité de sociétaire cesse par suite de décès, mais à l'expiration seulement de l'année où a lieu la mort, et jusque-là les héritiers seront tenus de respecter les obligations du membre décédé.

De plus, les sociétaires sont libres de se retirer de la Société coopérative à la fin de l'exercice annuel, après notification par écrit et signifiée aux directeurs au moins *une* année d'avance.

§ 48. Un membre ayant cessé de faire partie de la Société, soit parce qu'il s'est retiré volontairement, soit parce qu'il en est sorti par le fait de l'exclusion, de même que tout héritier dudit membre, ne seront autorisés à toucher que le montant de la part sociale revenant à l'ex-sociétaire, y compris les intérêts et le dividende du dernier exercice, si celui-ci est entièrement écoulé au moment où l'individu en question a cessé de faire partie de la Société; mais, soit lui, soit ses héritiers, ne sauraient élever aucune prétention à avoir une part quelconque dans le capital de la Société, et notamment dans le fonds de réserve. De plus, l'individu qui aura été exclu n'aura surtout aucun droit au dividende et aux intérêts de l'année où son exclusion aura été prononcée.

Le payement intégral des parts sociales, au besoin en y joignant les intérêts et le dividende, devra être fait au membre qui aura quitté la Société, ou à ses héritiers, le troisième mois qui suivra l'expiration de l'exercice annuel, durant lequel ou avec lequel ledit sociétaire aura cessé de jouir de cette qualité.

§ 49. La Société ne pourra se soustraire à ce payement, au cas où sa situation serait mauvaise commercialement et financièrement, qu'en ayant recours à la dissolution et à la liquidation. Dans ce cas, l'individu qui se sera retiré de l'Association devra consentir à la retenue de ses droits, en tant que ceux-ci seraient absorbés par le remboursement de dettes contractées par la Société coopérative, conformément aux dispositions du paragraphe 65.

En tout cas, le sociétaire en question restera solidairement responsable, sur tous ses biens particuliers, durant les deux années qui suivront sa sortie, pour les divers engagements qu'aura pu contracter jusqu'à ce moment la Société à l'égard des tiers, dans la mesure prescrite par la loi sur les Sociétés coopératives du 4 juillet 1868.

Il n'est, de ce chef, aucunement autorisé à s'immiscer dans les affaires de la Société coopérative.

DROITS ET DEVOIRS DES SOCIÉTAIRES

§ 50. Les membres de la Société coopérative sont autorisés :

1° A voter à l'occasion de toutes les délibérations de la Société et dans toutes les élections. Ce droit sera exercé en assemblée générale ;

2° A percevoir, dans la mesure du paragraphe 62, des intérêts sur les bénéfices, à raison de leurs parts sociales et des dividendes leur appartenant.

§ 51. Les sociétaires s'engagent, par contre :

1° A payer un droit d'entrée pour la formation d'un fonds de réserve, d'après les dispositions des paragraphes 54 et 55 ;

2° A opérer les versements établis par le paragraphe 52, pour la constitution de leurs parts sociales ;

3° A ne pas agir contrairement aux présents statuts, à l'intérêt et aux décisions de la Société, et surtout à ne fonder aucun établissement semblable ou analogue, soit seuls, soit en compagnie d'autres personnes, comme aussi à ne prendre part à aucune création de ce genre, à quelque titre que ce soit, à moins que la Société coopérative n'en accorde l'autorisation formelle, comme exception, et après délibération préalable de l'assemblée générale ;

4° A se reconnaître solidairement responsables, sur tout leur avoir, de l'exécution des engagements contractés d'une façon régulière par la Société coopérative, en tant, toutefois, que le capital de la Société. fonds de réserve et parts sociales, n'y pourront suffire. Il importe peu, à ce sujet (§ 12 de la loi sur les Sociétés coopératives), que les engagements soient antérieurs à l'admission des individus, ou qu'ils aient été contractés tandis qu'ils faisaient partie de la Société.

PARTS SOCIALES DES MEMBRES

§ 52. La part sociale de chaque membre est fixée à ..... thalers. L'on versera, en entrant dans ladite Société, à-compte de ladite part, ... thalers. Le reste de la somme sera réuni au moyen des retenues et accumulations des intérêts et dividendes revenant à chaque sociétaire sur les bénéfices (§ 62). et lesdits intérêts et dividendes seront portés au compte spécial de chaque sociétaire y ayant droit. Les membres recevront chaque année, après l'approbation de l'exercice de l'année même, pour leur servir de titre, une quittance de la direction constatant le montant de leur part sociale.

§ 53. Tant que le détenteur de la part sociale fera partie de l'Association, il ne pourra, en aucune circonstance, retirer celle-ci de la caisse sociale, ni en disposer d'une façon quelconque. Notamment toute cession, mise en gage ou toute charge quelconque venant à grever cette part ne pourront en aucune façon créer des obligations à la Société vis-à-vis de laquelle celle-ci sert de garantie de l'exécution des engagements contractés par le propriétaire. C'est là une clause que l'on devra avoir soin d'exprimer formellement sur la quittance qu'il y aura lieu de délivrer d'après le paragraphe 54.

FONDS DE RÉSERVE ET REMBOURSEMENT DES PERTES

§ 54. Pour le remboursement des pertes qui pourront survenir, si les revenus de la Société n'y peuvent suffire, on aura recours au capital collectif de la Société, duquel il est fait mention paragraphe 26, sous le titre de *Fonds de réserve*.

Le fonds de réserve sera alimenté au moyen des droits d'admission des nouveaux sociétaires et des quotes-parts fixées par le paragraphe 62 et prélevées sur le bénéfice net. Ce fonds devra être graduellement porté jusqu'à 10 0/0 du capital d'exploitation de la Société, aussi bien capital propre que fonds empruntés. Dans le cas de déductions à la suite de pertes, il devra être ramené au chiffre indiqué.

§ 55. Dans quelle mesure et d'après quel taux les sociétaires seront tenus d'acquitter les *droits d'admis-*

sion, c'est un point que les décisions de la Société auront à régler de temps à autre.

§ 56. Ce n'est qu'après que le *fonds de réserve* aura été épuisé, qu'à l'occasion des pertes que pourront présenter les opérations de l'entreprise ou en cas de liquidation, qu'il y aura droit de reprise sur les parts sociales, qui, d'ailleurs, resteront dans la caisse de la Société jusqu'à l'époque de sa dissolution.

SYSTÈME DE COMPTABILITÉ

§ 57. L'année commerciale commencera à partir du   pour finir le   , et, lorsqu'elle sera terminée, on procédera aussitôt :

a. A l'établissement et à la vérification de l'effectif des soldes en caisse, des titres de créances et des existences en produits bruts, matériaux, marchandises en magasin et ustensiles; cette révision sera faite par la délégation, qui s'adjoindra le Comité de direction (§ 29);

b. Au règlement immédiat des livres, ce dont sera chargée la direction.

§ 58. Le relevé complet des écritures de l'année devra, à ce moment, être soumis par les directeurs à la délégation, au plus tard dans un délai de quatre semaines; en cas contraire, cette dernière est autorisée à faire dresser lesdits états de comptes sous sa surveillance, par des tiers et aux frais de la direction.

§ 59. La situation de l'année devra présenter :

1° Les *recettes* et les *dépenses* de l'année, réparties entre les diverses subdivisions de la tenue des livres qu'on aura jugé à propos d'établir;

2° Un compte spécial des *bénéfices et pertes*; de plus :

3° Le *bilan* de la position financière de la Société à la fin de l'année.

§ 60. Le *bilan* contiendra à l'*actif* :

1° Les soldes en espèces ou valeurs en caisse;

2° Les approvisionnements de produits bruts évalués aux cours du jour;

3° Les produits agricoles manipulés, d'après le prix de la main-d'œuvre;

4° La valeur des ustensiles, après déduction de...... par chaque année;

5° Les créances non recouvrées, d'après leur valeur;

6° Les *immeubles*, s'il en existe d'après le prix d'acquisition, si toutefois il n'y a pas eu dépréciation des valeurs immobilières.

Au *passif* figureront par contre :

1° Les parts sociales des membres ;

2° Le fonds de réserve ;

3° Les emprunts contractés et autres dettes de la Société coopérative, ainsi que les intérêts dus aux créanciers ;

4° Les frais généraux non encore liquidés.

L'excédant de l'actif sur le passif constituera le *bénéfice net*

§ 61. La *révision* des écritures devra être faite par .a délégation, qui aura à se procurer les bases nécessaires à cet effet par l'examen des livres et des pièces de comptabilité à l'appui et de l'inventaire qu'elle est chargée de dresser en vertu du paragraphe 57, lettre *a*. Elle aura, au plus tard, dans le délai de......... semaines, à soumettre à l'assemblée générale les propositions voulues à cet égard pour la décharge de la responsabilité administrative des directeurs.

Si des doutes surgissaient par rapport à l'exactitude de la comptabilité et à la révision opérée par les délégués, la Société, dans sa réunion en assemblée générale, pourra décider, sans que la proposition figure d'avance à l'ordre du jour, de nommer une Commission de deux à trois membres, et confier à celle-ci le soin d'une révision supplémentaire, pour laquelle ladite Commission jouira de tous les droits accordés par le paragraphe 29 des présents statuts à la délégation, en tant que pouvoir contrôlant.

RÉPARTITION DES BÉNÉFICES

§ 62. Sur les *bénéfices nets*, il sera prélevé, avant tout, pour le *fonds de réserve*, tant que celui-ci n'aura pas atteint le chiffre fixé par le paragraphe 54, alinéa 2. ou dans le cas où ce fonds, par suite de pertes, serait descendu au-dessous dudit chiffre, au moins 5 0/0.

Sur la somme qui restera alors, on accordera aux sociétaires, pour leurs parts sociales, un intérêt allant jusqu'à 5 0/0 des sommes qu'ils auront accumulées et qui figureront à leur avoir ; quant au solde qu'on obtiendra ensuite, il sera réparti à titre de dividende, d'après le chiffre des livraisons faites par les membres de la Société. Les instructions données à l'administration indiqueront de quelle manière l'on procédera pour établir la valeur des livraisons.

Les intérêts, aussi bien que le dividende, ne seront accordés que par chaque thaler, fraction non comprise, que contiendront les parts sociales dont il a été profité tout l'exercice de l'année en question, c'est-à-dire qui auront été le résultat des livraisons régulières des sociétaires pendant l'année; mais toutefois le membre qui aura droit ne sera payé qu'autant que le montant réglementaire fixé par le paragrahe 52 pour la part sociale aura été atteint.

DISSOLUTION DE LA SOCIÉTÉ ET SOLIDARITÉ DES MEMBRES

§ 63. La *dissolution* de la Société coopérative a lieu :

1° Par *décision* de l'assemblée générale;

2° Par suite de l'ouverture du *concours* des créanciers à l'égard du capital social;

3° Par *ordonnance judiciaire*, dans les cas prévus par le paragraphe 35 de la loi sur les Sociétés coopératives.

§ 64. La déclaration de faillite relative à l'entreprise de la Société coopérative sera prononcée par le tribunal à la suite de la notification qui est obligatoire de la part des directeurs, mais elle n'entraînera pas la déclaration de faillite à l'égard des biens particuliers des sociétaires.

§ 65. Bien plus, les créanciers de la Société ne sont autorisés à exercer de recours, à raison des pertes qu'ils pourraient avoir à subir, contre les sociétaires, qui sont chacun responsables par suite de leur solidarité, qu'après la clôture du concours des créanciers et à la condition d'y avoir justifié de leurs titres. Pour éviter les complications qui pourraient surgir, la direction aura à faire les démarches pour l'introduction de la procédure prescrite par les paragraphes 52 et suivants de la loi sur les Sociétés coopératives.

§ 66. La liquidation du capital de la Société, lors de la dissolution de la Société coopérative, en dehors du cas de faillite, aura lieu d'après les prescriptions du paragraphe 40 de la loi sur les Sociétés coopératives du 4 juillet 1868, par les soins de la direction ou de liquidateurs nommés par décision de la Société.

LES NOTIFICATIONS A FAIRE PAR LA SOCIÉTÉ COOPÉRATIVE ET LES JOURNAUX DÉSIGNÉS À CET EFFET

§ 67. Toutes les notifications et publications relatives aux affaires de la Société coopérative doivent porter la raison sociale et être signées conjointement par au moins deux des membres de la direction.

§ 68. Les invitations aux assemblées générales, en tant qu'elles n'émanent pas de la direction (§ 34), seront rédigées et adressées par le président de la délégation sous la signature suivante :

La délégation de (raison de la Société coopérative),

N., président.

§ 69. La Société se sert, pour publier ses communications, du journal le...

Dans le cas où celui-ci cesserait de paraître, la direction sera autorisée, avec l'assentiment de la délégation, à désigner une autre feuille publique en attendant la prochaine assemblée générale, qui statuera valablement et définitivement à cet égard.

RATIFICATION DES STATUTS

§ 70. — Les présents statuts se trouvent ratifiés par le fait de leur acceptation en assemblée générale et de l'apposition de la signature des membres qui y étaient présents. Quant à ceux qui se trouvaient absents de la réunion ou aux adhérents ultérieurs, il suffira d'une déclaration d'adhésion rédigée par écrit.

CONTESTATION AU SUJET DES STATUTS ET DES DÉCISIONS DES SOCIÉTÉS COOPÉRATIVES

§ 71. — Toutes les contestations relatives au sens soit des dispositions spéciales des statuts, soit des décisions ultérieures de la Société, seront définitivement et valablement résolues par les décisions prises en assemblée générale. Aucun sociétaire n'aura droit d'en appeler, et le recours judiciaire surtout lui est à cet égard interdit.

CONCLUSION

A L'ADRESSE DE TOUTES LES SOCIÉTÉS COOPÉRATIVES

Les Sociétés coopératives, dont nous avons étudié les combinaisons et l'organisation dans ce volume, ont toutes, quelque divers que soient leurs buts, à lutter, chacune dans sa sphère, avec des difficultés qui exigent au plus haut degré chez leurs administrateurs de la prévoyance, de l'énergie et de la persévérance. Toutes, et notamment celles appartenant à des catégories qui sont encore à la première phase de leur développement et ne peuvent s'appuyer sur l'expérience des groupes antérieurement formés, ont le plus pressant intérêt à se communiquer les résultats obtenus, à entretenir un échange régulier et constant de leurs idées et impressions, à se relier entre elles par des rapports d'affaires, afin de pouvoir, grâce à des efforts collectifs, surmonter plus facilement les obstacles qui s'opposent à leur complète prospérité. Il ne pourra manquer d'arriver, dans cette lutte, que l'on sera plus d'une fois obligé de recourir aux enseignements que pourront fournir les branches les plus anciennes et les plus développées du mouvement coopératif, telles que les Sociétés de crédit et d'avances et celles de consommation, et qu'il se présentera de nombreux points de contact, de nombreuses analogies et plus d'un intérêt commun avec ces groupes, notamment au point de vue des lois et des rapports avec les autorités.

C'est là une circonstance qui, à elle seule, suffirait à rendre désirable la création de relations permanentes entre ces différentes formes de la coopération. Il convient d'ajouter ici que les caisses coopératives d'avances et de prêts, ainsi que nous l'avons répété à maintes reprises dans ce volume, doivent naturellement être considérées comme le *banquier* des Sociétés coopératives de matières premières, de magasinage et de production, et que ces banques, en raison de la nature de leurs services, qui sont ceux d'un intermédiaire, se trouvent parfaitement en position de remplir ce rôle, tandis que les Sociétés de consommation se sont trouvées, d'autre part, constituer la meilleure et la plus sûre clientèle des groupes de production auxquels non-seulement elles font des achats considérables, mais qu'à l'occasion elles favorisent encore dans la mesure de leurs forces, en les recommandant ou les renseignant.

Donner une plus grande extension et plus d'importance aux relations de cette nature est un point d'un si puissant intérêt pour les Sociétés coopératives des différentes spécialités industrielles, que, lors même qu'il n'existerait encore aucune institution servant de centre commun, elles ne devraient reculer devant aucun sacrifice pour en créer une au plus tôt. Mais, dans le fait, une institution de ce genre existe déja depuis une longue série d'années, c'est le *Syndicat universel des Sociétés coopératives allemandes, industrielles et d'épargnes et de consommation avec les fédérations secondaires nationales ou provinciales qui en dépendent.* Les Sociétés coopératives dont il est question dans ce livre ont, dans leur propre intérêt, le devoir de s'y rattacher, d'autant que les avantages qui accompagnent cette affiliation sont infiniment supérieurs aux obligations qu'elle entraîne. La Fédération générale, dont l'auteur de cet ouvrage dirige actuellement les affaires et les travaux, en qualité de *syndic* rétribué et au moyen d'une *agence* dont les bureaux sont organisés en vue du but qu'on poursuit, convoque chaque année un *Congrès général* des députés de tous les groupes qui en font partie. Ce Congrès, sans empiéter sur l'indépendance des Sociétés en ce qui concerne leurs intérêts particuliers, administre leurs intérêts généraux. Les *Ligues secondaires nationales et provinciales* constituent les liens qui relient le Syndicat et le Congrès général d'une part, et de l'autre les Sociétés locales. Elles embrassent les Sociétés coopératives des différents Etats de l'Allemagne et des différentes provinces, ou encore certaines branches spéciales. Ces Ligues ont à veiller aux intérêts spéciaux des groupes généraux et à entretenir leurs relations avec l'agence centrale ; elles préparent d'une part, par leurs sessions annuelles les travaux du Congrès général, et de l'autre, elles veillent, chacune dans son ressort, à l'exécution des décisions prises par celui-ci. Les directeurs choisis par ces Ligues forment une *délégation spéciale*, fonctionnant à côté de l'agence et chargée de l'expédition des affaires de la Fédération, dans l'intervalle qui sépare les Congrès. Les Sociétés coopératives possèdent, dans l'agence centrale, à leur disposition constante, lorsqu'elles ont besoin de conseils ou d'appui dans des questions spéciales dont elles ne veulent pas différer la discussion jusqu'au jour du Congrès, une institution qui, sans porter atteinte en quoi que ce soit à leur indépendance, les assiste de son expérience, et qui, ayant entre ses mains des renseignements et des documents venus de tous les points de l'Allemagne, est d'autant mieux en position de les conseiller. Pour la discussion des affaires importantes, l'agence a, dans la presse publique, un organe qu'elle rédige elle-même, nous voulons parler de la revue hebdomadaire, le *Journal de la Coopération* (éditeur : Keil, à Leipzig), feuille qu'elle agrandit au fur et à mesure du développement du mouvement coopératif.

Et que cette organisation réponde, en réalité, aux besoins des Sociétés coopératives, cela résulte, laissant de côté l'examen d'autres preuves, de l'accroissement continuel de la Fédération. La moitié déjà des groupes coopératifs existant actuellement y ont adhéré, si bien que le nombre de ses membres s'est élevé à 1,403 Sociétés (au commencement de mai), lesquelles se répartissent entre 30 Ligues secondaires. Toutefois, dans les branches spécialement industrielles, la Fédération ne compte réellement encore que 47 Associations, en y comprenant 25 Sociétés de production. Une aussi faible participation des groupes des diverses industries est causée par l'indifférence de ceux-ci pour leurs propres intérêts, indifférence qui règne également parmi les *Sociétés coopératives industrielles pour l'achat des matières premières*, à un point qu'on ne saurait trop regretter, car ces dernières sont encore, parmi les institutions dont nous avons traité ici, de beaucoup les plus nombreuses, et après elles viennent les Sociétés de production industrielle et agricole, sur l'adhésion desquelles il y a lieu de compter pour l'avenir dans une grande proportion, mais qui aujourd'hui ne sont encore qu'au début de leur évolution.

Les conditions d'affiliation au Syndicat général sont si avantageuses pour toutes ces Sociétés que leur adhésion en masse serait trouvée toute naturelle. Ces Sociétés, en dehors des engagements communs à toutes les Associations coopératives de remettre le relevé annuel de leur comptabilité à l'agence et de s'abonner à un exemplaire au moins du *Journal de la Coopération*, sont, de plus, tenues d'acquitter un versement minimum de deux thalers et maximum de vingt thalers, ainsi qu'une cotisation annuelle, pour les frais du Syndicat, de 1/10 de thaler par mille sur le montant des recettes provenant des ventes. En ce qui concerne leur affiliation aux fédérations secondaires, elles restent complétement libres ou de se rattacher à celles qui existent déjà ou d'en former de nouvelles, ou enfin de ne faire ni l'un ni l'autre. Sur le modèle des Ligues secondaires déjà existantes parmi les groupes de consommation, les *Sociétés de production des menuisiers de la ville de Berlin* sont, avec le concours de l'agence, entrés en négociations entre elles pour la formation d'une fédération secondaire des Sociétés qui relèvent de cette branche de l'industrie. Plusieurs *Sociétés agricoles de la section prussienne* ont déjà, sous forme de fédération secondaire des provinces prussiennes, constitué entre elles un Syndicat qu'elles mettent le plus grand soin à établir d'une façon durable dans une prévision bien conçue de leurs intérêts. La Fédération formée en 1865 par un grand nombre de *Sociétés coopératives de cordonniers*, lesquelles avaient pour objet l'achat des matières premières, s'est de nouveau dissoute peu à peu, sans qu'on puisse attribuer ce fait à une cause autre que celle de l'indifférence de la plupart des membres qui y avaient pris part à l'origine, et qui, lors de sa fondation, s'étaient formellement prononcés et qui en reconnaissaient bien alors l'utilité.

Puissent les Sociétés coopératives des différentes spécialités commerciales et industrielles prendre en sérieuse considération, dans leur propre intérêt, les paroles par lesquelles nous terminons ; puissent-elles, par leur adhésion au Syndicat général des Sociétés coopératives allemandes, s'ouvrir la voie à un développement plus rapide et plus prospère, tel qu'en dehors du mouvement des autres formes d'association et des efforts collectifs de la coopération, elles sont en droit de l'attendre de leur propre initiative !

TABLE DES MATIÈRES

Paris.—Imp. Nouv., assoc. ouv., 14, rue des Jeûneurs.— G. Masquin et Cie.

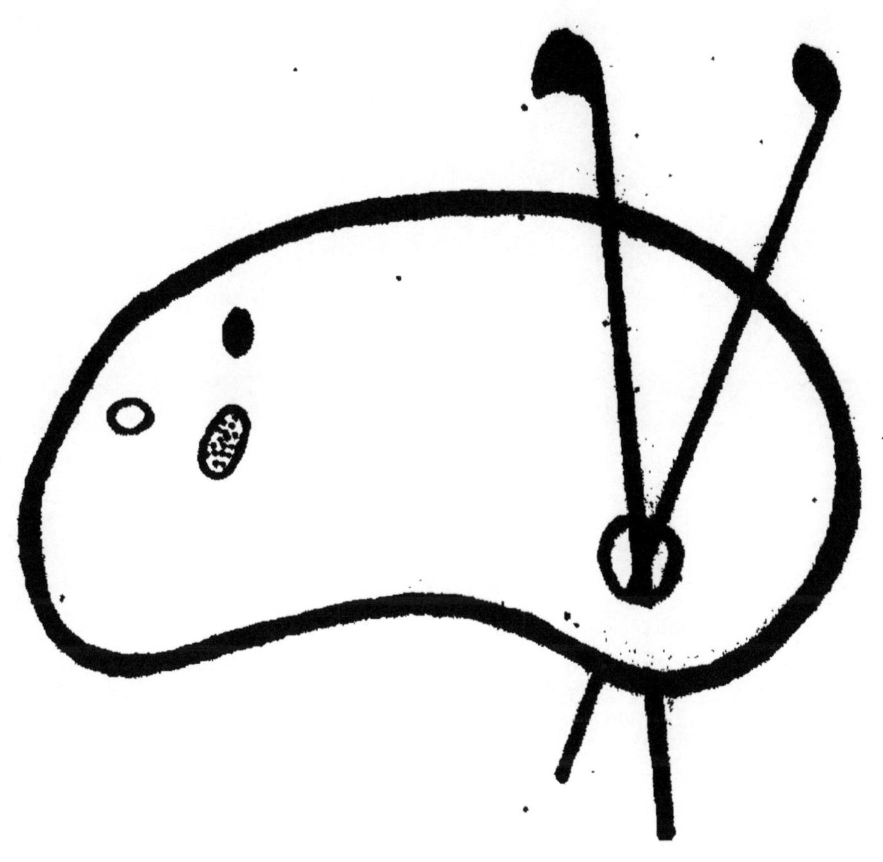

9 782016 174623